新时代水利特色院校
文化育人创新研究

◎ 温雪秋　著

中国水利水电出版社

www.waterpub.com.cn

·北京·

内 容 提 要

本书以马克思主义理论为指导，以立德树人为根本任务，以水利特色院校文化及其育人为研究对象，以提高水利特色院校文化育人实效性为目的，理论联系实际，从宏观的校园文化走向微观的、具体的、实践的文化育人，围绕文化的育人功能及其实现展开深入研究。本书在厘定文化、文化育人等相关问题的基础上，对新时代水利特色院校文化育人创新的理论依据进行了深入分析，探究了新时代水利特色院校文化育人的要素与实施条件。同时，本书还对水利特色院校文化育人现状进行了分析，介绍了广东水利电力职业技术学院水文化育人的经验，对水利特色院校文化育人的保障机制和创新路径进行了深入的研究。

本书通过分析研究，旨在帮助水利特色院校充分发挥校园文化以文化人、以文育人功能，彰显水文化育人特色，可供水利特色院校教育工作者及其他感兴趣的读者参考。

图书在版编目（CIP）数据

新时代水利特色院校文化育人创新研究 ／ 温雪秋著
. -- 北京 : 中国水利水电出版社，2024.8
ISBN 978-7-5226-2027-5

Ⅰ．①新… Ⅱ．①温… Ⅲ．①水利水电工程－高等职业教育－文化素质教育－研究－中国 Ⅳ．①TV

中国国家版本馆CIP数据核字（2024）第006389号

书　　　名	**新时代水利特色院校文化育人创新研究** XIN SHIDAI SHUILI TESE YUANXIAO WENHUA YUREN CHUANGXIN YANJIU
作　　　者	温雪秋　著
出 版 发 行	中国水利水电出版社 （北京市海淀区玉渊潭南路1号D座　100038） 网址：www.waterpub.com.cn E-mail：sales@mwr.gov.cn 电话：（010）68545888（营销中心）
经　　　售	北京科水图书销售有限公司 电话：（010）68545874、63202643 全国各地新华书店和相关出版物销售网点
排　　　版	中国水利水电出版社微机排版中心
印　　　刷	天津嘉恒印务有限公司
规　　　格	184mm×260mm　16开本　8.25印张　251千字
版　　　次	2024年8月第1版　2024年8月第1次印刷
印　　　数	0001—1000册
定　　　价	**60.00元**

前　言

　　党的十八大以来，习近平总书记在多个场合明确指出立德树人是高校的根本任务，要"以文化人、以文育人"。水利特色院校是培养水利人才的主要阵地，必须以习近平文化思想为指引，自觉担负起新时代新的文化使命，更好培养现代水利人才。水利特色院校培养人的过程就是在院校场域内以文化影响人、塑造人、培育人的过程。如何围绕水利特色院校思想政治工作因事而化、因时而进、因势而新的方法要求，关照时代特征和水利院校学生成长发展实际，进一步探索水利特色院校文化育人的时代要求、方法途径，进行精准有效的育人、化人，提升水利特色院校人才培养质量，是新时代水利特色院校和思想政治教育者的共同使命和责任担当。

　　本书在厘定文化、文化育人等相关问题的基础上，对新时代水利特色院校文化育人创新的理论依据进行了深入分析，探究了新时代水利特色院校文化育人的要素与实施条件，探讨了水利特色院校水文化育人核心内容体系的构建和创新路径。同时，本书还对水利特色院校文化育人现状进行了分析，介绍了广东水利电力职业技术学院水文化育人的经验，对水利特色院校文化育人的保障机制和创新路径进行了深入的研究。

　　本书在撰写过程中，参阅和借鉴了国内外相关文献，在此谨向文献作者表示诚挚的谢意！本书的出版得到了广东水利电力职业技术学院"双高计划"水利水电建筑工程专业群项目资助，在此深表感谢！

　　文化育人的研究内容极为丰富，因作者水平所限，难免有不足之处，敬请广大读者朋友、专家学者给予批评指正。

作者

2023 年 8 月

目 录

第一章

文 化 育 人

　　文化是人类实践创造的产物，具有丰富的内涵和自身的本质属性。文化的基本功能是塑造人或教化人，文化功能实现的过程，就是文化育人。文化育人的内涵不是单一的，它具有用社会主义先进文化培育人、在渐进的"文化"过程中培育人、从人的价值观念和理想信仰层面培育人三重内涵。文化育人的理论基础也十分广泛，深入探寻水利特色院校文化育人创新的理论依据，可以为水利特色院校文化育人创新提供理论支撑。

第一节　文　化　概　述

　　文化是人类长期实践的产物，是人类依据自身的目的和价值追求而创造，反过来又能影响人、教化人和塑造人。文化的范畴十分广博、内涵十分丰富，要研究文化育人，首先要系统解读文化的内涵、类型、属性特征及功能。

一、文化的内涵及类型

　　文化（culture）概念的内涵十分丰富，很难形成一个精准的定义。在拉丁文中，主要指"人的身体、精神特别是艺术和道德能力及天赋的培养，也指人类通过劳作创造的物质、精神和知识财富的综合"。❶ 在汉语中，"文化"是指"文治教化，是对人心性的开启与修炼，重点是教化人心"❷，它与"自然"相对应，与"野蛮"相反照，属于精神文明的范畴。现代意义上的"文化"，学者们的解读众说纷纭，各有侧重。有学者曾"列举了文化一词的 161 种定义，随后出现的定义还不算在内"。❸ 人们对文化现象的认识随着社会的不断发展而不断深化。笼统地说，文化是一种社会现象，是人类长期实践的产物，是人们生存方式与生活状态的体现。同时文化也是一种历史现象，是社会历史积淀的结果。具体来说，文化是蕴含在物质之中又折射于物质之外、能够被普遍认可和传承的国家或民族的风土人情、传统习俗、生活方式、思维方式、价值观念等意识形态。文化是一个十分复杂的现象，是人类在社会历史发展过程中所创造的物质财富和精神财富的总和。"文化"一词既有名词和动词意义之分，也有广义和狭义之别。

---

❶　谢晓娟. 文化多样性与当代中国软实力建设 ［M］. 北京：人民出版社，2015.
❷　涂成林，李江涛，等. 当代文化发展新趋势研究 ［M］. 北京：中央编译出版社，2011：12.
❸　［法］费尔南·布罗代尔. 文明史：过去解释现时 ［M］. 顾良，张慧君，译. 北京：中央编译出版社，1997：129.

从名词意义讲，文化是人类认知的客体。学者们从不同的视角、层面、问题域对文化有不同的解读，比如，文化是"一种活生生的有机体""人类文明的总称""人的第二自然""给定的和自在的行为规范体系""自觉的精神和价值观念体系""人的生活样法或生存方式"，❶ 等等。从动词意义上讲，文化是指人向文而化的动态过程，这一过程实际上就是人脱离原初的自然状态，走向社会化的过程，走向文明进步的过程。人的一切实践活动都可视为是一种文化活动。

文化的概念可以从广义、中义和狭义三个层面来解读。广义的文化，也叫"大文化"，泛指人类的一切社会实践活动及其成果。按照马克思的解释，广义的文化是指自然的"人化"，既包括外部世界的人化，也包括人自身的主体化，它以实践为基础，集中体现人与自然、主体与客体的关系。中义的文化，是指精神文化（亦即观念文化），是人类在长期的社会实践活动中形成的思想理念、价值取向、道德情操、审美趣味、宗教信仰、民族性格、风俗习惯等精神因素。❷ 它包含人类的一切精神现象。精神文化本身不能直观地表现出来，只能通过人的意识的表征——"符号"来表现，或者是存在于文化的载体——"产品"之中。狭义的文化，即指艺术，是主体对客体产生的审美反映和审美创造，是主体以典型形象来表现客体美的一种方式。艺术来源于人的社会生活实践，它不仅是人的实践活动的结果，也是人的实践活动本身。

这三个层次的文化，不是各自独立地存在，而是互融互动，有机地融合在一起。精神文化（亦即意识文化、观念文化）内在地、深层次地融于广义的文化之中，是广义文化的灵魂。没有精神文化内蕴其中，任何广义上的文化都不能称其为文化。而艺术又是精神文化的精华，是精神文化的升华和高雅品质的展现。

文化可从不同的角度划分为不同种类型。就广义的文化而言，按文化形态可分为物质文化、制度文化和精神文化；按社会历史过程可分为传统文化、现代文化和未来文化；按文化的先进性可分为先进文化、普通文化、落后文化，等等。就精神文化而言，按文化存在的方式分为自在的文化与自觉的文化；按意识的高低层次分为社会意识形态和社会心理；按意识同政治的关系分为意识形态和非意识形态。就艺术而言，按艺术表现形式分，有语言艺术、音乐艺术、图像艺术、造型艺术、表演艺术；按艺术的高低层次分，可分为高雅艺术和通俗艺术等。

二、文化的属性及特征

文化不是与经济、政治、科技或其他一些具体事物等相并列的一个具体对象，而是"内在于人的主体世界的东西，它包括精神领域的一切，是人的本质力量的表现"。❸ 它虽然无所不在，但又是无形的，只能通过对其本质属性及特征的分析来把握。

文化的本质取决于人的本质，在于人的实践创造性❹。文化至少具有如下几种本质属性。第一，文化具有主体性和实践性。人是文化的主体，人与文化是紧密地结合在一起

---

❶ 衣俊卿. 文化哲学十五讲［M］. 北京：北京大学出版社，2004：6－12.

❷ 周晓阳，张多来. 现代文化哲学［M］. 长沙：湖南大学出版社，2004：63.

❸ 王升臻. 文化视角下思想政治教育本质新论［J］. 探索，2012（2）：133－139.

❹ 周晓阳，张多来. 现代文化哲学［M］. 长沙：湖南大学出版社，2004：41.

的。在现实生活中，不同的人群有不同的文化，每一种文化的产生和发展都要以人的实践为基础，判断一种文化进步与否要通过人的实践来检验。文化是人的实践产物，是具有主体性的人的实践产物，因而，人的主体性和实践性也是文化的本质属性。第二，文化具有创造性。实践的本质在于创造，创造性是人的本质特征，文化作为人的创造性本质的外化，自然也具有创造性的本质属性。第三，文化具有属人性。一切文化都凝结着人的创造性，内含着人的意识和目的，是为了满足人的物质生活或精神文化需要而创造的，文化意味着"以人为本，面向人，理解人，为了人"。❶ 文化为人类所特有，若没有人的存在，也就没有文化的存在，因此，属人性也是文化的本质属性。

文化作为人类实践创造性的产物，具有主体性、实践性、创造性和属人性的本质属性，还具有系统性、历史性和开放性等基本特征。

文化是动态性与稳定性的辩证统一。文化是一个复杂的大系统，由诸多相互联系、相互作用、相互影响的文化要素构成，是具有一定结构和功能的有机整体。文化的系统性主要包括两个方面的内涵：一方面，文化系统的结构和层次是可分的，社会文化大系统可以分为若干子系统，子系统还可分为若干孙系统，使文化系统体现为整体性与可分性的辩证统一；另一方面，构成文化系统的基本要素是文化主体和客体。实践作为联系主体与客体的中介，是文化系统的基础。文化主体实践的丰富性和创造性，决定了文化是一种变化性的存在。冯天瑜指出文化"是一个有机的生命过程，是一种可以传承、传播、分享和发展的动态体系"。❷ 同时文化作为一种系统性的存在，又趋向于稳定的生存力和自我维持的惯性，是一种相对稳定的存在，使文化系统体现为动态性与稳定性的辩证统一。

文化是历史继承性和阶段性的辩证统一。"一种文化的形成和演变，归根到底是其主体实践过程不断自我凝聚、自我升华、自我积累的产物。"❸ 作为主体实践和自我积累的产物，文化的形成和演变是客体的主体化过程，是一个由低级向高级不演进的过程。费孝通指出："文化有自己的历史，本身有历史的继承性，有自身的发展规律，体现在一般所说的'民族精神'上。"❹ 李宗桂指出："文化的发展既有历史的连续性和稳定性，又有时代的变动性和现实性。任何民族的文化，就其内容而言，都是前后相继的历史精神的延续，都是现实的时代精神的体现。"❺ 作为一种时间的"积累"，文化是历史继承性和阶段性的辩证统一。文化是纵向交流和横向交流彼此依存的有机统一。文化作为一个系统，不是封闭的，而是开放性的。文化的开放性表现为文化的交流性、传播性、普遍性。文化的交流性表现在纵向和横向两个方面，文化的纵向交流性是其历史发展性与传承性的体现，横向交流性是文化求异性与渗透性的体现。文化纵向交流的过程是文化传承与创新的过程，文化从低级向高级不断发展演变，不断优化整合、创新发展。文化横向交流的过程是文化相互交融渗透、优势互补的过程，各文化群体（如不同民族、国家、地区、行业等）之间相互学习借鉴，各群体文化之间相互交融渗透、优势互补、平衡发展。文化的纵向和

---

❶ 孙麾，林剑. 马克思的文化观与当代中国文化建设［M］. 北京：中国社会科学出版社，2015：158.

❷ 冯天瑜. 文化守望［M］. 武汉：武汉大学出版社，2006：81.

❸ 孙麾，林剑. 马克思的文化观与当代中国文化建设［M］. 北京：中国社会科学出版社，2015：159.

❹ 费孝通. 文化与文化自觉［M］. 北京：群言出版社，2010：434.

❺ 李宗桂. 传统与现代之间：中国文化现代化的哲学省思［M］. 北京：北京师范大学出版社，2011：51.

横向交流相互促进、彼此依存、有机统一，形成文化系统的动态发展性和现实性。文化的交流性以其传播性为前提。文化传播表现为文化在不同文化主体之间传递、播放和漫延，它不仅在时间上具有持续性，而且在空间上具有广延性。随着电子网络技术的发展，文化的传播速度越来越快，具有即时性；文化的传播空间范围也越来越广，具有全球性，甚至随着宇宙航天事业的发展，文化传播的空间延伸到了外太空；"人类劳动或实践的普遍性品格，赋予了文化的普遍性品格"。❶ 人类文化的普遍性奠定了文化交流与传播的基础。在文化发展过程中，不同群体文化之间之所以能够相互交流、相互传播，就在于文化具有普遍性的品格。文化的交流性、传播性和普遍性，决定了文化是与时俱进的，是动态发展的；决定了文化是面向大众的、面向世界的、面向未来的，它们共同构成了文化的开放性。

三、文化的功能

文化功能就是文化对人和社会的存在与发展所起的作用。首先，对于人的存在和发展而言，文化是人的历史地凝结成的生存方式，对人的生存方式具有主导性的影响。文化的基本功能是塑造人或教化人，这是文化价值本身的实现，"其实质是使人文明化、人文化，包括自然人的社会化、自发人的自觉、蒙昧人的启蒙和开化"❷。文化对人的塑造或教化功能，主要体现在它对个体行为具有规范和制约作用，这一作用既表现在文化是满足人的各种需要的价值规范体系，还表现在文化是特定时代所公认的、普遍起制约作用的个体行为规范。文化塑造或教化功能主要是通过家庭熏陶、学校教育、社会舆论等各种途径，将社会文化体系中系统的行为规范加诸于生活在其中文化个体，对个体实现文化的约束和导向作用。

其次，对社会存在和发展而言，文化的基本功能是从深层次制约和支配一切社会活动的内在机理和文化图式。人类社会既靠文化的传承而延续，又靠文化的创新而进步。人类社会的发展变迁，离不开文化的支撑和推动，作为人的主导性的生存方式和社会历史运动的内在机理，无论是文化的存在还是文化的变迁，都是社会发展和历史运动的重要内涵。

文化对社会历史发展具有巨大的推动作用。尤其是在重大历史转折时期，文化总能以惊人的力量引领和推动着人类社会的发展进步，如中国两千多年以前出现的以儒学、墨学、道学、法学为代表的诸学派"百家争鸣"，作为中国历史上第一次思想解放运动，不仅加速了社会变革和进步，而且对中国传统文化的繁荣和发展产生了重要的影响；14—17世纪欧洲新兴资产阶级发起的那场伟大的文艺复兴运动，把人从宗教神学的禁锢中解放出来，为资产阶级人文主义思想的形成和资本主义制度的建立奠定了文化思想基础；20世纪初我国以"五四"爱国运动为导火索而爆发的那场轰轰烈烈的"五四"新文化运动，作为中国近现代史上第一次伟大的思想解放运动，高扬"科学"与"民主"的旗帜，不仅极大地促进了人的思想解放，也为马克思主义思想的广泛传播和中国政治、经济、文化的加速发展奠定了基础；1978年在全党全国范围内开展的那场关于真理标准问题的大讨论，作为中国共产党历史上一次极其重要的思想解放运动，对重新确立党的思想路线，对重大

---

❶ 周晓阳，张多来. 现代文化哲学 [M]. 长沙：湖南大学出版社，2004：112.

❷ 郑永廷，董伟武. 论思想政治教育的文化功能及其发展 [J]. 江苏高教，2008 (5)：113-115.

历史关头实现伟大转折，对促进中国改革开放和社会主义现代化建设具有深远的意义和影响。

从根本上说，人是社会的主体，文化对社会的功能最终要通过对人的功能来实现，文化在社会发展中的作用如何及其力量的大小，取决于社会主体成员对文化的认同度，取决于文化的先进性。任何一个时代，要推动社会发展进步，不仅要充分重视文化的作用，更要不断解放思想，保持文化的先进性。因此，文化最基本的功能就是对人的存在和发展的功能，即塑造人或教化人。

需要特别指出的是，意识形态作为文化的核心组成部分，带有强烈的阶级意识，是文化的灵魂，制约、引导、规范着文化的表现形式。一个国家统治阶级的文化，即是国家的主导文化和社会的主流文化，其中包括先进文化的主体部分，都属于意识形态。它体现在人们生活的各个方面，对人们更清楚地认识自己的角色定位、功能设定及社会关系等起着重要的保障作用。文化能够塑造人和教化人，主要是其意识形态引导功能的发挥。具体来讲，是指意识形态作为社会或国家的政治目标导向和社会价值导向，"对人们的思想、行为进行符合目标的引导并对偏离目标的思想、行为进行阻滞。"❶ 因此，文化的重要功能是育人，是沿着国家主流文化发展的方向育人，更确切地说，文化具有思想政治教育的功能。

第二节　文　化　育　人　概　述

文化的基本功能是塑造人或教化人，文化功能实现的过程，就是文化育人。总体而言，文化育人就是以文化人，即遵循思想政治教育规律和大学生成长规律，以文化价值渗透的方式，将先进文化的价值渗透到人的灵魂深处，使人内化于心，外化于行，从而实现文而化之的目的，促进人的全面发展❷。它强调"重视人文教育、隐性教育，注重精神成长、思想提升，主张潜移默化、润物无声，通过有意味的形式，长久地、默默地、逐渐地感染人、影响人、转化人"，❸ 实现"入芝兰之室久而自芳"的思想政治教育效果。

理解文化育人，首先要理解文化育人中的"文化"是什么。文化育人中的"文化"有三重内涵：一是指育人"内容"和"载体"意义上的文化，即以什么样的文化内容和文化形式育人；二是指文化化人"过程"意义上的文化，即"文而化之"的教化或转化的过程；三是指育人"目标指向"意义上的文化，即育人的核心"目标指向"不只是停留在表层意义上的掌握某些知识或表现出某些期望行为上，而是从更深的精神文化层面，即人的价值观理念和信仰上教化人，塑造人。因此，文化育人也不是一个内涵单一的概念，要正确理解其丰富的内涵，需要深刻理解三个问题，即文化育人"以什么样的文化育人""以怎样的形式育人""育人的核心目标指向是什么"。文化育人的内涵主要体现在三个层面。

一、用社会主义先进文化培育人

"以什么样的文化育人"中的"文化"，是指内容和载体意义上的文化。载体意义上的

---

❶ 郑永廷，等. 社会主义意识形态发展研究［M］. 北京：人民出版社，2002：344.

❷ 李峰，王元彬. 高校文化育人工作的机制与载体研究［J］. 当代教育与文化，2014（3）：73 - 77.

❸ 冯刚. 坚守核心价值观必须发挥文化的作用［N］. 光明日报，2015 - 11 - 10（14）.

文化，是指思想政治教育者为达到教化人、提升人的目的，作为育人载体或手段而利用的各种文化成果。这些文化成果都承载着某些特定的思想政治教育价值观念，广泛地存在于物质文化、制度文化、精神文化之中，可以以多种多样的文化形式出现，如各种文化产品、文化活动等，它不是单纯的书本上的知识，也并非脱离于现实社会生活而存在。人们对它的感知、接受与习得往往是在现实的社会文化生活之中。育人载体意义上的文化能够为思想政治教育主体所利用、能够为人们所感知和认同、具有先进性、对人有思想政治教育功能。内容意义上的文化，从文化哲学的角度看，文化育人活动就是"特定阶级或集团用特定文化的价值和意义对人们进行文化建构的过程和活动"❶，其实质就是用社会主导的文化去建构人们的思想、意识和行为。中国特色社会主义文化是当代中国的主导文化，决定了中国文化的发展方向。因此，文化育人无论是运用什么样的文化载体，它所承载的文化内容一定是社会主义先进文化。从这个意义上讲，文化育人的第一重基本内涵就是用社会主义先进文化培育人，就是坚持科学理论武装、正确舆论引导、高尚精神塑造、优秀作品鼓舞。

二、在渐进的文化过程中培育人

文化，除了作为文化成果而存在，还作为"文化"的过程而存在，人的一切文化实践活动都可看作是"文化"的过程。"过程"意义上的文化，它重在"化"，主要包括两个向度：一是文化"化"人的过程，二是人在实践中向文而"化"的过程。两个过程在育人中同时存在、相辅相成、互生互动，是一个永不停息的人与文化之间双向建构的过程。对于文化育人的对象"人"而言，前者强调外在的给予，体现的是文化塑造人、教化人的价值。后者强调内在的生成，体现的是人的主体能动性。文化育人就是通过文化的外在给予和内在生成方式，来化育文化个体，引导个体向文而化，进而促进人的提升与完善。

文化的外在给予和内在生成过程实质上就是一个在渐进的"文而化之"的教化或转化过程，即"文化"的过程。这一过程强调文化价值从客体到主体，再到客体的内化与外化的转化过程，其实质是把客观的文化内化为个体的精神活动的过程。实现文化主体与客体之间的双向互动，更进一步讲，是实现文化主体客体化（人的知识化）和文化客体主体化（知识人化）的互相转化。

"文化"过程育人贵在促进人的知行统一，重在发挥文化生活实践的养成作用。它是"将人类已经发展起来的先进文化成果转化为个体内在本质力量、促进人的精神生活全面发展的过程"。❷ 这一过程，从根本上讲，就是人在文化价值认知基础上实现知行统一的过程。而无论是人对文化的价值认知，还是由知促成的文化行为，都离不开人的文化生活实践。如果离开实际生活和工作去搞道德实践活动，不管口号提得再响，活动规模再大，最后只能是空对空。因此，只有充分发挥文化生活实践的养成作用，促进人在渐进的"文化"过程中实现知行统一，才能真正实现在"文化"的过程中育人，才能真正体现出在文化的外在给予和内在生成过程中育人的价值。从这个意义上讲，文化育人的第二重基本内涵就是在渐进的"文化"过程中培育人。

❶　赵志业，崔华华. 新时期文化转型中思想政治教育文化理念创新［J］. 学术论坛，2015（2）：80－83.

❷　沈壮海. 思想政治教育的文化视野［M］. 北京：人民出版社，2005：26.

三、从人的思想观念和理想信仰层面育人

文化育人中"文化"的第三重内涵是指育人"目标指向"意义上的文化，即文化育人从根本上是要培育人内在的思想观念和理想信仰，还是要规范人外在的行为？它主要从哪一层面上育人？答案十分明确。文化育人的核心"目标指向"是人的精神文化，即实现人的内在思想观念的转变。这里所说的人的内在思想观念的转变，不是简单的从文化知识到文化知识的机械记忆的过程，也不是从制度到行为的被动服从的过程，而是从"文化的认知"到"文化价值观念的认同"，到"文化价值观念的内化，甚至是理想信仰的升华"，再到"恪守价值准则或追求理想信仰等行为的外化"的一系列转化过程。其中最重要、最根本的是人的价值观念和理想信仰的形成，这是文化育人"目标指向"意义上"文化"的终极形态（即人的精神文化）。

从这个意义上讲，文化育人的第三重基本内涵是指在人的价值观念和理想信仰形成中培育人。作为一个民族文化的灵魂，核心价值观是一个国家的思想道德基础。在精神文化层面育人，其首要目标是育德。在当代中国，社会主义核心价值观就是马克思主义思想的集中体现，就是中国人民共同的思想道德基础。"把培育和弘扬社会主义核心价值观作为凝魂聚气、强基固本的基础工程"❶，要持续深化社会主义思想道德建设，为我国社会主义建设提供强劲的精神动力和深厚的道德滋养。尤其在新的社会历史条件下，文化育德问题更不容忽视，必须把培养具有符合社会发展要求的道德品质，作为文化育人的核心内容和重要任务。

第三节　新时代水利特色院校文化育人创新的理论依据

"文化育人"既是一种思想政治教育理念和手段，也是一个思想政治教育实践过程，它集多重内涵于一身，涉及"文化""教育"和"人"三大领域，文化育人的理论基础也十分广泛。深入探寻水利特色院校文化育人创新的理论依据，可以为水利特色院校文化育人创新提供理论支撑。

一、马克思与恩格斯关于文化的思想

人的自由全面发展是思想政治教育的根本宗旨，也为马克思与恩格斯所深切关注。在马克思与恩格斯看来，文化是人的本质性存在、人的解放与文化发展相辅相成、人的精神动力推动文化发展。虽然他们没有专门阐述过"文化育人"，但他们关于文化与人的本质、人的解放、人的精神动力等方面的思想理论都是文化育人的重要理论基础。

（一）文化是人的本质性存在

马克思与恩格斯虽然并没有对文化进行专门的和系统的阐述，但是他们对"文化"却有着深刻地理解和准确地把握。在他们的理论文本中对"文化"这一概念具有多重角度的解读和使用。从狭义的层面，他们把"文化"理解为经济基础之上纯粹的精神意识形态，

---

❶ 习近平. 把培育和弘扬社会主义核心价值观作为凝魂聚气、强基固本的基础工程［N］. 人民日报，2014－02－26（1）.

强调文化的非物质性，即精神性质。他们认为在考察生产变革时，要考察到"意识形态的形式。"❶ 从广义的层面上看，马克思与恩格斯把"文化"理解为文明形态，把"文明形态"与"人类社会发展总体"紧密联系在一起。马克思批判粗陋空想的共产主义和社会主义是"对整个文化和文明的世界的抽象否定"❷，恩格斯指出："文化上的每一个进步，都是迈向自由的一步。"❸ 在他们看来，文明作为人类生活方式和内容的统一体，除了精神因素以外，还包括物质因素和制度因素。但无论是对狭义的还是广义的文化概念，马克思与恩格斯所强调的都是人类社会发展的自觉的理性文化精神。这种自觉的理性文化精神体现在人的社会历史生活和现实活动之中，在人的对象化活动中生成。在他们看来，文化与人密不可分，文化以人为主体，是人在对象化活动过程中形成的"人化的自然"和"自然的人化"，表现为人类实践活动本身以及这种活动的方式及其成果的总和。文化是人的本质力量的对象化。

对于人的本质，马克思与恩格斯从实践观和唯物历史观的立场出发，深刻揭示了其内涵，进而揭示了人作为文化主体所具有的实践创造性。主要体现在以下几个方面：

第一，人的本质在于人的类特性，在于主体实践性。马克思指出"一个种的整体特性、种的类特性就在于生命活动的性质，而自由的有意识的活动恰恰就是人的类特性"❹，人通过"劳动"来体现人的"类本质"，证明人是有意识的类存在物。他说："人的真正本质在于劳动，在于劳动活动、实践活动这些物质的感性活动"❺、人的"全部社会生活在本质上是实践的"❻、"人应该在实践中证明自己的思维的真理性。"❼ 在他看来，人的本质就在于社会实践，实践就是检验真理的标准。

第二，人的本质在于人的社会性，在于现实性。马克思从现实的人与人的社会关系入手，科学地揭示了人的根本属性是其社会属性，人的本质是一切社会关系的总和，他说："人就是人的世界，就是国家，社会"❽、人的本质不是人的"肉体的本性，而是人的社会特质"❾、从前的一切唯物主义的主要缺点是不把人"当作感性的人的活动，当作实践去理解。"❿ 在马克思看来，不能抽象地、片面地理解人，而要从人的社会特质去理解人，人是现实的、具体的，是活生生的人。马克思与恩格斯着眼于现实人的存在和发展，科学地揭示了人的现实性的内涵。他们认为"人们的存在就是他们的实际生活过程"⓫、进行历史分析和现实批判要着眼于现实的人，"是处在现实的、可以通过经验观察到的、在一

❶　马克思，恩格斯. 马克思恩格斯选集（第2卷）[M]. 北京：人民出版社，2012：2，3.

❷　马克思，恩格斯. 马克思恩格斯文集（第3卷）[M]. 北京：人民出版社，2009：258.

❸　中共中央党校马克思主义理论教研部，中国马克思主义研究基金会. 马克思主义关于人的学说 [M]. 北京：人民出版社，2011：192.

❹　马克思，恩格斯. 马克思恩格斯全集（第3卷）[M]. 北京：人民出版社，2012：56.

❺　肖前. 历史唯物主义原理（修订本）[M]. 北京：人民出版社，1991：432.

❻　马克思，恩格斯. 马克思恩格斯选集（第3卷）[M]. 北京：人民出版社，2012：135.

❼　马克思，恩格斯. 马克思恩格斯选集（第3卷）[M]. 北京：人民出版社，2012：134.

❽　马克思，恩格斯. 马克思恩格斯选集（第1卷）[M]. 北京：人民出版社，2012：1.

❾　沈亚生，袁中树. 人学思潮前沿问题研究 [M]. 北京：社会科学文献出版社，2010：41.

❿　马克思，恩格斯. 马克思恩格斯选集（第1卷）[M]. 北京：人民出版社，2012：133.

⓫　马克思，恩格斯. 马克思恩格斯选集（第1卷）[M]. 北京：人民出版社，2012：135.

定条件下进行的发展过程中的人。"❶ 在他们看来,人的存在是指现实的人的存在,是指人的实际生活过程。人的本质不是永恒不变的抽象物,它在特定的人与社会发展条件下产生和形成。

第三,人的深层本质在于主体的自由自觉,在于主体性的不断发展完善。马克思从人的主体存在出发,对人的现实性和主体性即"人本身",给予了充分的肯定,他指出"人的根本就是人本身""人是人的最高本质。"❷ 马克思在其博士论文中提出个体的自由是定在之中的自由,充满偶然性的感性的生活才是人的自由存在根据。马克思在对资本主义异化劳动的分析中指出"劳动对工人来说是外在的东西"而"不是自由地发挥自己的体力和智力。"❸ 他认为自由以人们对自身生存条件的拥有和支配为前提,"生产者只有占有生产资料之后才能获得自由"❹,而在共产主义这一自由人的联合体中,"各个人在自己的联合中并通过这种联合获取自己的自由。"❺

马克思认为,人的本质力量及其多样性是随着人们社会实践的不断发展而发展的,"向来都是历史的产物。"❻ 人要成为主体,就必须实现自己的本质力量,就必须以人的自由、平等和社会的公平、正义为前提,进而在社会实践中能够支配自然、能够主宰自己的命运,成为社会的主人。

马克思与恩格斯关于文化与人的本质的理论,深刻揭示了文化是人的本质性存在,人创造文化,文化也塑造人。人能创造文化,使文化的发展有了动力源泉,而文化的发展即是人的发展,这使文化育人成为必要。反过来,文化也能塑造人,为人的发展提供动力,使文化育人成为可能。从这个意义上讲,马克思与恩格斯关于文化是人的本质性存在思想,是文化育人内在的理论基础。

(二) 人的解放与文化发展相辅相成

人的解放是马克思毕生追求的崇高理想,也是马克思主义理论的根本宗旨。马克思认为,社会发展与人的自由自觉活动、人的解放是紧密联系在一起的,人的活动的展开和自由的获得是社会发展的动力源泉。人的全面而自由发展是人类自身发展的理想状态,是社会历史进步的必然趋势,也是人"解放"的最高境界。从文化发展意义上讲,人的解放即是人的文化主体性的发展,人的文化主体性的发展集中体现在人的文化实践能力、社会关系、文化个性的发展之中,体现在对人、对物的依赖关系之中。

在马克思看来,人的解放主要包括人的劳动实践能力、社会关系和个性三个方面的解放。人的劳动实践能力的解放包含很多方面的内容,但最重要的还是体力和智力的整体性解放。他在《资本论》中提出把劳动能力理解为人在"生产某种使用价值"时所能"运用的体力和智力的总和"。❼ 马克思认为劳动者只有集体力劳动与智力劳动于一身,能够适

---

❶ 马克思,恩格斯. 马克思恩格斯选集(第1卷)[M]. 北京:人民出版社,2012:153.
❷ 马克思,恩格斯. 马克思恩格斯选集(第1卷)[M]. 北京:人民出版社,2012:10,16.
❸ 马克思,恩格斯. 马克思恩格斯选集(第1卷)[M]. 北京:人民出版社,2012:51.
❹ 马克思,恩格斯. 马克思恩格斯选集(第3卷)[M]. 北京:人民出版社,2012:818.
❺ 马克思,恩格斯. 马克思恩格斯选集(第1卷)[M]. 北京:人民出版社,2012:571.
❻ 马克思,恩格斯. 马克思恩格斯全集(第3卷)[M]. 北京:人民出版社,1960:567.
❼ 马克思,恩格斯. 马克思恩格斯全集(第23卷)[M]. 北京:人民出版社,1972:190.

应不同的劳动要求，才能实现全面的解放。同时，人的社会关系的发展也"决定着一个人能够发展到什么程度"。● 因此，人必须积极参与社会交往，建立丰富而全面的社会关系，以实现社会关系的解放。人的个性解放是以人的劳动能力和社会关系解放为基础和前提的。人的本质要通过人的个性来表现，马克思主张要尊重人的个性，为全面发展人的个性创造条件。在马克思看来，人的解放的过程实际上就是社会全面发展的历史过程。他说："'解放'是一种历史活动，……是由工业状况、商业状况、农业状况、交往关系的状况促成的。"● 他以人与社会的关系为线索，以人类社会三大发展形态的历史演进为依托，具体考察了人的解放的历史过程。他认为人类社会发展第一大形态主要表现为"人的依赖关系"，"人的生产能力只是在狭窄的范围内和孤立的地点上发展着"，第二大形态表现为"物的依赖关系"，人的独立性建立在"普遍的社会物质交换"基础之上，第三大形态表现为人的"自由个性"，个人全面发展，人们共同的社会生产能力成为社会财富●。在马克思看来，只有在生产力高度发达，人完全摆脱了对人和对物的依赖，"人的全面自由发展"才能真正实现。在社会发展的第三大阶段，即马克思所讲的共产主义社会阶段，由于生产力的高度发展，人们摆脱了对人和对物的依赖，从必然王国进入自由王国，人的解放真正得以实现，人也能真正成为自由而全面发展的人。

马克思关于人的解放理论，强调人的全面自由发展是人"解放"的根本任务和最终目标，人的"解放"过程与社会历史发展的过程相统一，揭示了人的解放与文化发展之间相辅相成的关系，而文化育人的根本宗旨是人的自由全面发展，以促进人的解放与文化发展为导向，以现实的社会文化发展条件为基础。从这个意义上讲，马克思关于人的解放理论，是文化育人宗旨的理论依据。

（三）人的精神动力推动文化发展

人的精神动力对人的实践积极性具有重要影响。马克思最早表述了精神动力的内涵。马克思在《〈黑格尔法哲学批判〉导言》中指出："理论一经群众掌握，就会变成物质力量。"● 这揭示了理论作为一种精神力量可以成为推动群众实践活动的物质力量。马克思认为劳动包括资本，还包括"肉体要素以外的发明和思想这一精神要素"。● 在他看来，人的精神动力可以转化为推动生产的物质力量，是生产中不可或缺的重要因素。

恩格斯对精神动力作了明确而深入的阐述。他指出"外部世界对人的影响表现在人的头脑中，……成为感觉、思想、动机、意志，……成为'理想的意图'，……变成'理想的力量'"●、人的行动的一切动力"都一定要通过他的头脑，一定要转变为他的意志的动机，才能使他行动起来"。● 在他看来，人的精神动力是人脑对客观存在及物质利益的反映，在实践中产生，来源于人脑的机能，是一种唯物性的存在，人脑内产生的感觉、思

● 马克思，恩格斯. 马克思恩格斯全集（第 3 卷）[M]. 北京：人民出版社，1960：295.
● 马克思，恩格斯. 马克思恩格斯全集（第 42 卷）[M]. 北京：人民出版社，1979：368.
● 马克思，恩格斯. 马克思恩格斯全集（第 46 卷）[M]. 北京：人民出版社，1979：104.
● 马克思，恩格斯. 马克思恩格斯选集（第 1 卷）[M]. 北京：人民出版社，2012：9.
● 马克思，恩格斯. 马克思恩格斯全集（第 1 卷）[M]. 北京：人民出版社，2012：607.
● 马克思，恩格斯. 马克思恩格斯选集（第 4 卷）[M]. 北京：人民出版社，2012：238.
● 马克思，恩格斯. 马克思恩格斯选集（第 4 卷）[M]. 北京：人民出版社，2012：258.

想、动机、意志等精神因素都可以成为推动人行动的精神动力。

按照马克思与恩格斯的观点，人的精神动力是人的本质力量的一个重要体现，而文化作为人的本质性存在，人的一切实践活动都是一种文化实践，这深刻揭示了：人的精神动力是其从事生产实践不可或缺的因素，它推动生产的发展，实际上就是推动文化的发展。没有人的精神动力作支撑，文化发展便没有了动力之源。从根本上说，人的精神动力主要来自人的主体性、人的自觉能动性和人的精神需要。

第一，人的主体性，主要表现为人是自然的主体、是社会与历史的主体、是实践的主体。马克思认为人在改造自然的过程中，人既是主体，也可以成为客体，成为被改造和作用的对象，即表现出"人的能动和人的受动""人作为对象性的感性的存在物，是一个受动的存在物"❶ 人在改造自然或他人的同时也会改造自己。人是主体和客体的统一。

关于人与社会、社会发展历史的关系，按马克思恩格斯的观点，"人就是人的世界，就是国家，社会"❷；在社会发展中"历史什么事情也没有做"，能够创造一切并"为这一切而斗争的，不是'历史'，而正是人，现实的、活生生的人"❸；"无论不从事生产的社会上层发生什么变化，没有一个生产者阶级，社会就不能生存。"❹ 在他们看来，人是社会的主体，人民群众是历史的创造者，是一切社会实践的主体。

在探讨主体与客体的关系时，马克思认为人是实践活动的主体。实践活动是人的对象性活动。要理解人的实践活动，必须从人的实践活动出发，把人的实践活动本身理解为对象性的活动，进而有利于主体人客观地理解和把握人的实践客体。他指出，从前的一切唯物主义都没有把对象、现实、感性"当作感性的人的活动，当作实践去理解"，都没有"从主体方面去理解"❺，"生产不仅为主体生产对象，而且也为对象生产主体"❻。在他看来，实践是连通主客体的纽带。通过实践，主体作用于客体，实现人的活动对象化、主体客体化，同时也使客体成为真正意义上的客体。

第二，自觉能动性作为人的意识、目的和动机的综合体现，它是人的主体性的动力之源。意识是人脑对客观存在的反映，是人区别于动物的特点。按照马克思的观点，"自由的有意识的活动"❼ 是人类的特性。人的活动与动物本能的活动不同，它是自觉的、有意识的、能动的活动，人把自己的活动变成了自己意识和意志的对象。意识只有反映客观存在的事物及其发展规律，人的自觉性与能动性才可能实现。人类越发展，人类活动的意识性与自觉性就越强，正如恩格斯所说："人离开狭义的动物越远，就越是有意识地自己创造自己的历史。"❽

人的实践活动是自觉的、有目的的活动。无论是个人还是群体在社会实践活动中都会

---

❶ 马克思，恩格斯. 马克思恩格斯全集（第 42 卷）[M]. 北京：人民出版社，1979：124，169.

❷ 马克思，恩格斯. 马克思恩格斯选集（第 1 卷）[M]. 北京：人民出版社，2012：1.

❸ 马克思，恩格斯. 马克思恩格斯全集（第 2 卷）[M]. 北京：人民出版社，1957：118，152.

❹ 马克思，恩格斯. 马克思恩格斯全集（第 19）卷 [M]. 北京：人民出版社，1963：315.

❺ 马克思，恩格斯. 马克思恩格斯选集（第 1 卷）[M]. 北京：人民出版社，2012：54.

❻ 马克思，恩格斯. 马克思恩格斯选集（第 2 卷）[M]. 北京：人民出版社，1995：692.

❼ 王孝哲. 马克思主义人学概论 [M]. 合肥：安徽大学出版社，2009：72.

❽ 马克思，恩格斯. 马克思恩格斯文集（第 9 卷）[M]. 北京：人民出版社，2009：421.

有一定的目标，并且努力实现这一目标，"历史不过是追求着自己目的的人的活动而已。"❶ 在马克思恩格斯看来，人的实践活动是不断追求和实现不同阶段发展目标的历史过程，普遍具有自觉意识和预期目的等特征。人们实践活动的目的性集中体现了其实践活动的自觉性。

动机体现人们的需要，推动人们的实践活动。马克思指出："消费也创造出新的生产的需要，在观念上提出生产的对象，把它作为内心的图像，作为需要、动力和目的提出来。"❷ 在他看来，动机实质上就是客观需要的主观反映。动机是需要和行为的中介，是把需要转变为满足需要的实践活动的桥梁。

第三，人的精神需要，是促进人与社会发展的重要动力。马克思恩格斯认为，人具有广泛体现其社会本质与发展内涵的多方面的需要，并"以其需要的无限性和广泛性区别于其他一切动物。"❸ 从生产和需要来看，人与动物的根本区别就在于人不仅有物质需要，还有精神需要。人的精神需要是在满足物质需要的社会生产实践过程中产生的，是社会发展的产物。

人作为现实的人，人的社会生活是丰富多样的，社会生活的丰富性也决定了人的精神需要的丰富性。"人既有理论需要，又有情感需要，还有意志需要"。❹ 其中，理论需要是人的最深层次、最本质的精神需要。马克思与恩格斯曾指出："真正的人＝思维着的人的精神。"❺ 情感需要是精神需要的重要组成部分，升华和满足人的情感需要是促进人的健康成长、激发人的行为动力的重要因素。恩格斯指出："没有这种革命的义愤填膺的感情，无产阶级的解放就没有希望。"❻ 意志需要是人的不可或缺的精神需要。马克思指出，在劳动中，"需要有作为注意力表现出来的有目的的意志"，而且越是枯燥的不为劳动者喜欢的劳动，"就越需要这种意志"。❼

人的精神需要不仅具有丰富性，而且具有层次性，从低到高可分为三个层次：处于最低层次的是人的基本精神生活需要，即人们在社会交往中形成和发展起来的精神交往需要和社会情感需要。在论及语言的产生时，马克思恩格斯指出"语言也和意识一样，只是由于需要，由于和他人交往的迫切需要才产生的"❽ 处于第二个层次的是人的精神发展需要，即人们在精神上不断充实和发展自己、实现精神进步的需要，如不断完善自身思想理论、价值观念、道德情操、意志品质等。这种需要一旦产生并获得满足，就会形成一种推动力，促进人和社会的发展，就如马克思所言："已经得到满足的第一个需要本身、满足需要的活动和已经获得的为满足需要而用的工具又引起新的需要。"❾ 处于最高层次的是精神完善需要，即在精神发展基础上，在理想社会、人格、自我实现等方面追求更高的精

❶ 马克思，恩格斯. 马克思恩格斯全集（第 2 卷）[M]. 北京：人民出版社，1957：118－119.
❷ 贾志红. 马克思总体生产思想研究 [M]. 北京：人民出版社，2012：203.
❸ 马克思，恩格斯. 马克思恩格斯全集（第 49 卷）[M]. 北京：人民出版社，1982：130.
❹ 骆郁廷. 精神动力论 [M]. 武汉：武汉大学出版社，2003：90.
❺ 马克思，恩格斯. 马克思恩格斯全集（第 3 卷）[M]. 北京：人民出版社，1960：56.
❻ 马克思，恩格斯. 马克思恩格斯全集（第 7 卷）[M]. 北京：人民出版社，1959：269.
❼ 马克思，恩格斯. 马克思恩格斯全集（第 23 卷）[M]. 北京：人民出版社，1972：202.
❽ 马克思，恩格斯. 马克思恩格斯选集（第 1 卷）[M]. 北京：人民出版社，2012：161.
❾ 贾志红. 马克思总体生产思想研究 [M]. 北京：人民出版社，2012：150.

神价值和人生价值。精神需要的不断增长与满足，是促进人精神生活发展的强大精神动力，也是促进人与社会发展的重要动力。

马克思与恩格斯关于人的精神动力理论，强调精神动力是人的本质力量的重要体现，人的精神动力主要体现在人的主体性、自觉能动性和精神需要三个方面。人的主体性，使人成为自然的主体、社会的主体、历史发展的主体，以及一切社会实践活动的主体。这充分说明，人也是文化育人活动的主体。人的自觉能动性是人的主体性的动力之源，人的一切活动都是有意识、有目的、有动机的活动，文化育人活动也不例外，它追求的是文化育人活动主体人的目的，即塑造人、教化人，促进人的全面发展。人的精神需要，是人在社会交往、发展进步和自我完善过程中产生的需要，它是促进人精神发展的内在动力。满足人的精神发展需要，是文化育人的基本使命。从文化育人中受教育者人的角度讲，人的精神动力是促使人向文而化的力量之源，是文化育人价值得以实现的重要基础。从这个意义上讲，人的精神动力理论，是文化育人中"人向文而化"的重要理论依据。

二、列宁的灌输理论

灌输理论是马克思主义理论的重要内容。马克思最早提出了"灌输"的思想，他在《国际工人协会成立宣言》中提出，人数众多是工人阶级成功的一个因素，但只有对其进行组织和知识指导，"人数众多才能起决定胜负的作用"。❶ 在这里他不仅强调工人需要组织起来，而且需要给予知识指导，即进行理论灌输。他在《哥达纲领批判》中指出："他们一方面企图把那些……作为教条重新强加于我们党，另一方面又……来歪曲那些花费了很大力量才灌输给党而现在已在党内扎了根的现实主义观点。"❷ 在这里马克思揭示了灌输是进行社会主义思想教育的方式。

列宁最早对马克思的灌输思想进行了全面系统的阐述，并丰富发展成为灌输理论。灌输理论是无产阶级政党为提高无产阶级和人民群众的政治意识和阶级觉悟，坚持把科学社会主义思想输送到他们中去的学说，是确立马克思主义思想理论教育地位、作用、方针、原则、任务和内容的直接理论依据。中外无产阶级革命实践证明，灌输理论在用马克思主义思想武装工人阶级，统一广大群众意志，推进革命和建设事业的进程中都发挥了重要的作用。随着经济全球化的深入发展，世界形势风云变幻，各种社会思潮异常活跃，东西方文化相互激荡。在这一社会大背景下，高校用中国特色社会主义文化立德树人，必须坚持灌输理论，在继承中创新并将其发扬光大。

（一）灌输理论的科学内涵及核心要义

列宁最早全面系统地阐述了灌输理论。早在 1894 年，列宁提出必须把马克思主义的革命理论灌输到工人运动中去的观点，他先后用"必须向工人十分详细地指明""必须使工人阶级明了""使工人阶级记住"❸"向他们说明"❹ 等各种表述来强调灌输。1900 年列宁在《我们运动的迫切任务》中明确提出了党的"灌输"任务，即"把社会主义思想和政

❶ 刘沧山. 中外高校思想教育研究［M］. 北京：人民出版社，2008：175.
❷ 马克思，恩格斯. 马克思恩格斯选集（第 3 卷）［M］. 北京：人民出版社，2012：365.
❸ 列宁. 列宁选集（第 1 卷）［M］. 北京：人民出版社，2012：72.
❹ 列宁. 列宁选集（第 1 卷）［M］. 北京：人民出版社，2012：80.

治自觉性灌输到无产阶级群众中去，组织一个和自发工人运动有紧密联系的革命政党。"❶ 1902年列宁针对当时俄国社会思潮的现实，在深入思考和研究考茨基关于社会主义意识是"从外面灌输"，而不是从"斗争中自发产生"❷的观点基础上，发表了《怎么办？》，深刻地分析了灌输主体与客体的客观实际，进一步阐明了灌输的理论要义，并将灌输理论引入了思想政治工作领域。

灌输理论的科学内涵及核心要义主要有以下几个方面：

第一，进行科学社会主义理论武装具有极端重要性。列宁提出"没有革命的理论，就不会有革命的运动"❸ "只有以先进理论为指南的党，才能实现先进战士的作用。"❹ 阐明了理论武装对社会主义革命事业的重要性，强调必须用科学社会主义理论武装工人阶级先锋队，要把社会主义"当作科学看待""去研究它"，并把它"传布到工人群众中去"❺。

第二，工人运动中不可能自发地产生社会主义的思想体系。由于工人阶级的生活状况和文化水平决定了他们不具备总结革命经验、研究社会问题、建立社会主义理论的条件，因此，社会主义思想理论不可能在工人运动中自发产生，只能由社会主义知识分子在思想发展的过程中逐步形成。列宁明确指出："工人本来也不可能有社会民主主义的意识"、社会主义学说是"从有产阶级的有教养的人即知识分子创造的哲学理论、历史理论和经济理论中发展起来的。"❻

第三，无产阶级的科学社会主义思想只能从外面灌输。群众运动需要科学社会主义理论的指导，列宁指出"群众的自发高潮愈增长，运动愈扩大，对于社会民主党在理论工作、政治工作和组织工作方面表现巨大的自觉性的要求也就愈无比迅速地增长起来"❼，但这个理论既然不能从工人运动中自发产生，那就必须从外面灌输。"对社会主义思想体系的任何轻视和任何脱离，都意味着资产阶级思想体系的加强"❽，这一点，无产阶级政党必须高度重视。

第四，灌输是思想政治教育的内在要求。灌输理论阐明了科学社会主义理论不可能在工人头脑中自发产生、只能从外面灌输的现实性和科学性，这也是思想政治教育本质的体现。思想政治教育过程实际上就是教育者用马克思主义的立场、观点和方法，通过各种途径和方式向受教育者传播马克思主义文化主导的思想价值观念的过程。受教育者通过学习接受科学的思想理论和文化价值观念。思想政治教育的内容正是受教育者此前尚未掌握的规范和要求，这些规范和要求必须由已经掌握的人传授给他们，并且以他们的生活经验为基础，转化成他们的认知、情感、意志和行动。从这个意义上讲，灌输既是思想政治教育的思想理论基础，也是思想政治教育的方法论，它是思想政治教育理论与实践相结合的有

❶ 列宁. 列宁选集（第1卷）[M]. 北京：人民出版社，2012：285.
❷ 列宁. 列宁选集（第1卷）[M]. 北京：人民出版社，2012：326.
❸ 列宁. 列宁选集（第1卷）[M]. 北京：人民出版社，2012：311.
❹ 列宁. 列宁选集（第1卷）[M]. 北京：人民出版社，2012：312.
❺ 列宁. 列宁选集（第1卷）[M]. 北京：人民出版社，2012：314.
❻ 列宁. 列宁选集（第1卷）[M]. 北京：人民出版社，2012：317.
❼ 列宁. 列宁选集（第1卷）[M]. 北京：人民出版社，2012：338.
❽ 列宁. 列宁选集（第1卷）[M]. 北京：人民出版社，2012：327.

效途径，是思想政治教育的内在要求。

（二）理论灌输在培育无产阶级中的作用

理论灌输的目的是实现社会主义理论与工人运动相结合，并在理论与实践结合的过程中唤醒工人阶级思想意识，提高其阶级觉悟。作为培育工人阶级的重要方法手段，理论灌输在当时社会条件下对促进无产阶级觉悟提升发挥了重要的作用。

第一，使无产阶级认清自己的阶级地位和历史使命，强化阶级意识。列宁认为无产阶级受剥削是因为它没有发挥出阶级的整体力量。无产阶级要摆脱剥削必须强化自己的阶级意识。俄国社会民主党的任务就是通过理论教育，帮助俄国工人阶级掌握科学社会主义理论，使工人阶级认识到"只要资本的统治地位保持不变，雇佣奴隶制就不可能避免"❶"只有同大工厂所造成的资本家、厂主阶级进行斗争，才是改善自己状况和争得自身解放的唯一手段""本国所有工人的利益都是相同的，一致的，他们全体组成了一个……独立的阶级""为了达到自己的目的，工人必须争取对国家事务的影响"❷，进而引导工人阶级从政治角度去认识阶级矛盾、明确自身肩负的推翻资本主义、建立社会主义的历史使命，提高工人的阶级自觉，促使他们积极进行阶级斗争，以推翻资产阶级统治。

第二，使无产阶级政党奠定了思想理论基础。列宁认为先进理论的武装是实现先进战士作用的保证。党要实现先进战士的作用必须加强理论教育，这也是党自身存在的全部意义。他强调无产阶级政党的全部工作归结起来就是"研究，宣传，组织"❸。在他看来无产阶级政党忽视理论研究、宣传和组织工作就不能成为思想领导者，就没有存在的必要。历史实践已经证明，理论灌输对俄国社会民主党开展革命运动及各项工作至关重要。它不仅提升了党自身的思想理论素养，也使一切社会党人团结起来，从理论中汲取信念，以正确的方式开展阶级斗争。从这个意义上讲，是理论灌输使无产阶级政党在革命和建设工作中始终坚持了马克思主义正确方向，为无产阶级政党的生存发展奠定了稳固的思想理论基础。

第三，使无产阶级政党培养了社会主义新人。在俄国革命取得胜利、苏维埃政权基本巩固以后，国家需要大量经济建设人才，为解决这一问题，列宁提出要在想办法利用资本主义原有人才的基础上，立足长远，积极培养社会主义新人。列宁指出："在无产阶级专政时期，……学校不仅应当传播一般共产主义原则，而且应当……传播无产阶级在思想、组织、教育等方面的影响，以培养能够最终实现共产主义的一代人。"❹ 他在《青年团的任务》中对青年提出了具体的要求和建议，如"青年团和所有想走向共产主义的青年都应该学习共产主义"❺ "每个青年必须懂得，只有受了现代教育，他才能建立共产主义社会"❻ 等，在他看来，党要在工人阶级中不断培养社会主义新人，对青年一代加强马克思主义理论教育是一条根本途径。但关于理论教育的方法，列宁认为只用书本理论说教的方

❶ 列宁. 列宁选集（第2卷）[M]. 北京：人民出版社，2012：327.
❷ 列宁. 列宁全集（第2卷）[M]. 北京：人民出版社，1984：85-86.
❸ 列宁. 列宁全集（第1卷）[M]. 北京：人民出版社，2012：262.
❹ 列宁. 列宁选集（第3卷）[M]. 北京：人民出版社，2012：725.
❺ 列宁. 列宁全集（第39卷）[M]. 北京：人民出版社，1986：294.
❻ 列宁. 列宁全集（第39卷）[M]. 北京：人民出版社，1986：301.

法太单调，要把教育融入革命斗争中，让青年参与到日常生活和斗争实践中去，将理论付诸实践。在列宁灌输理论思想的指导下，俄国十月革命胜利之后，无产阶级政党用理论灌输的方法培养了大量的社会主义新人，为社会主义建设提供了有力的人才支撑。

（三）灌输理论在教育中的作用

作为马克思主义政党，必须始终坚持以马克思主义为指导，与时俱进地发挥灌输理论的作用。中国共产党历届中央领导人都非常重视灌输理论的应用。无论是在革命战争年代，还是在和平建设时期，理论灌输在马克思主义中国化过程中、在党的思想政治教育工作中都发挥了非常重要的作用。马克思主义中国化过程中形成的一系列重大理论成果，都是运用各种思想政治教育方法灌输到全党和人民群众中去的。虽然几乎不用"灌输"这个词，多以"武装""引导""教化"等表达，但实际上所运用的都是灌输理论和灌输方法。

在当今复杂的国际国内环境条件下，人们的价值观念向多元化发展，马克思列宁主义、毛泽东思想、邓小平理论、"三个代表"重要思想、科学发展观、习近平新时代中国特色社会主义思想等科学理论不会自然而然地成为广大干部和人民群众的自觉意识，灌输理论仍有重大的应用价值。

第一，促进人的全面发展需要灌输理论。人的全面发展是人的主体发展需要，是"社会主义社会的本质要求"❶，也是思想政治教育的终极价值追求。人的全面发展包括理性的文化自觉、高尚的思想品德、健全的个性人格、良好的艺术鉴赏力等各个方面综合素质的提升，涉及面极其广泛，并且人的全面发展过程，也是一个基于满足个人主体发展需要和社会发展需要而不断汲取各类思想理论知识、学习掌握各种实践技能的过程。这些不是仅凭个人主观努力就能实现的，需要有外界的教育指导，即需要理论灌输。而思想政治教育强调以社会主义先进文化育人，其价值就是"合乎主体全面发展（尤其是思想品德形成和发展）和人类社会进步（尤其是精神文明的进步）的目的而呈现出的一种肯定的意义关系"❷，就是立足于人的全面发展和社会进步通过各种教育方法手段发挥其理论灌输的作用。

尤其是随着改革开放和社会转型的不断深入，人们价值观念的多元化发展，社会上各种思潮林立，中西方意识形态交锋不断，有些人受西方自由主义、拜金主义、享乐主义等腐朽思想的影响，甚至在理想信念和价值观念上出现偏差。在这种形势下，为了坚持我国马克思主义意识形态的一元主导地位，使人们的思想沿着社会主义先进文化的方向发展，必须更加重视灌输理论，并与时俱进地发挥思想政治教育的灌输作用。

第二，中国特色社会主义现代化建设需要灌输理论。灌输是统治阶级建立国家主导意识形态、维护其统治的重要手段，体现了阶级统治的基本规律，作为一种社会历史现象，灌输存在于古今中外的各种社会形态和社会发展的各个阶段。"任何一个国家的统治阶级，为了巩固其政治统治，都要极力维护和发展其占统治地位的意识形态。西方国家……在这个问题上，他们也是抓得很紧的"。❸ 因此，即便是在中国和平崛起的当今时代，我们也

---

❶ 乔翔. 马克思人的解放思想研究［M］. 北京：中国社会科学出版社，2012：241.
❷ 李然. 思想政治教育价值实现问题研究［D］. 北京：北京矿业大学，2012.
❸ 中共中央文献研究室. 江泽民论有中国特色社会主义（专题择编）［M］. 北京：中央文献出版社. 2002：58.

必须坚持和加强社会主义思想理论灌输，绝不能放松。

理论灌输是中国特色社会主义建设的内在要求。"贫穷不是社会主义，愚昧不是社会主义"❶，要摆脱贫穷，必须加强中国特色社会主义建设，尤其是在中国这样一个经济文化相对落后的农业大国建设社会主义事业更需要有科学的理论指导。马克思主义与中国社会主义革命和建设相结合产生一系列中国特色社会主义理论成果。这些理论成果要靠广大人民群众在实践中自发产生是不可能的，必须靠无产阶级政党和广大教育工作者，通过思想政治教育的渠道将中国特色的社会主义理论灌输到广大人民群众中去。要摆脱愚昧，必须加强社会主义精神文明建设，而加强社会主义精神文化建设，也离不开马克思主义理论的指导。在当前全球一体化和信息网络化条件下，随着西方资本主义意识形态的强势渗透，中西方意识形态的交锋更广泛、更直接，社会思想文化环境更加复杂，我们只有不断加强中国特色社会主义理论灌输、广泛培育社会主义核心价值观，才能提高全党全国人民的思想理论认知、增强理论自信和文化自信，筑牢全国人民万众一心、共同奋斗的思想基础，并把思想认识转化为行动的力量，积极投身到社会主义现代化建设之中。

总而言之，灌输既是一种教育原则，也是一种教育方式方法。作为马克思主义理论的一个重要组成部分，灌输理论也具有与时俱进的理论品质。在当代思想政治教育中，要充分发挥灌输的作用，取得良好的育人效果，既要坚持灌输的教育原则，又要随着时代发展和形势变化，不断创新灌输的方式、载体、路径等，让"灌输"更富有灵活性、隐蔽性和价值渗透性，更富有吸引力和感染力。文化育人作思想政治教育的一种方法和手段，实际上就是在显性灌输基础上，同时也强调运用文化的载体进行隐性的灌输，让育人的载体更丰富、方法更灵活，从这个意义上讲，灌输理论是文化育人的重要理论基础，既为文化育人提供科学的理论依据，也需要通过文化育人不断创新灌输的方式方法，并获得理论自身的丰富和发展。

三、中华传统水文化

中国传统水文化中蕴含着丰富的育人理论，包含着持之以恒的实干精神、珍惜时光、怜惜光阴的奋进精神、宵衣旰食的奉献精神。水利特色院校要充分发挥水文化的育人功能，必须从中国优秀水文化的深厚土壤之中汲取营养和智慧，把握好时代发展趋势，在继承、创新、借鉴中不断挖掘育人思想和方法，使其真正成为新时代推动水利特色院校水文化育人工作发展进步的精神力量。

中国优秀传统水哲学思想。诸子百家的水文化中蕴含着丰富而独特的育人思想，它们是中华民族智慧的结晶，是对人与水关系认识的最佳范例，其内涵十分广泛、深刻，包含着很多宝贵的育人理念和精神财富，如：教导人们尊重自然环境；教导人类和谐相处，共同发展；循序渐进等。儒家创始人孔子在水中感悟到"中庸"的处世之道，告诫人们做事要顺其自然；而老子以"上善若水""以水为师"教化世人学习效法，告诫人们要在不利的情况下最大限度地争取有利的结果，在有利的条件下尽量避免向不利的方向转变，即柔弱胜刚强；荀子通过观察水温度的变化，感悟到了质量互变的规律。

中华优秀的治水精神。大禹治水的开始使人们从此走上了一条"人与自然和谐相处"

---

❶ 江泽民. 江泽民文选（第1卷）[M]. 北京：人民出版社，2006：437.

的可持续发展的道路，大禹治水精神是一个民族生存智慧与人性美德的集成，是中华民族的宝贵财富，更是我们民族团结进步、和谐发展的重要精神源泉，主要表现在三个方面：一是勇于担当、敢为人先的奉献精神；二是艰苦奋斗、顽强拼搏的坚持精神；三是尊重自然、开拓进取的科学精神。广义的治水精神指的是党和政府为推动社会主义现代化建设、维护全体人民共同利益而形成的治水理念与行动方针。其中 1998 年发生在长江流域的洪水，在军民协同配合、抗洪救灾过程中形成了"万众一心、众志成城，不怕困难、顽强拼搏，坚韧不拔、敢于胜利"的伟大抗洪精神；在中国共产党领导推进三峡大坝建设的实践过程中形成了"顾全大局的爱国精神、舍己为公的奉献精神、万众一心的协作精神、艰苦创业的拼搏精神"的三峡移民精神，这些优秀的治水精神的内涵和外延都非常丰富，不仅不断丰富和发展着中华优秀水文化的内涵，更为新时代水利特色院校开展水文化育人工作提供了重要思想指引。

四、思想政治教育理论

从思想政治教育环境的角度来看，思想政治教育环境指的是影响制约思想政治教育活动开展和人们思想行为的养成的外部因素总和，主要包括自然条件、社会环境以及精神文化等，具有综合性、复杂性的特点。环境是由人创造的，但是这种创造又反过来对我们生活的环境产生重大影响。思想政治教育工作者通过环境来进行育人的本质就在于改变或创建一种能够使受众自觉地接纳并积极参与其中的文化环境，将文化寓于环境之中，引发受教育者的情感共鸣，使受教育者在自由、民主的氛围中被感化、感染。水文化育人的开展必须依托环境，而水利特色院校进行水文化育人的环境主要是指校园环境，它包括有形环境和无形环境，充分利用环境的隐蔽性、无意识性，促使受教育者产生积极、健康的情感，形成良好的思想政治品德。

从思想政治教育方法的角度来看，思想政治教育方法指的是在一定的社会历史条件和时间内运用于思想政治工作中，对人们进行思想品德、价值观念和道德规范等多种形式教育的方法。它包括理论层面和操作层面两个方面的方法，不仅包括理论灌输、说服教育等方式，还包括以柔性的隐性教育方式来引导和影响学生，潜移默化地激活学生心灵深处对于自我价值实现的追求，从而达到思想政治教育的目标。所以，一个社会要发展、要进步，必须要有强大的精神力量来支撑，而文化是这种精神力量最好的注脚和载体之一。文化育人最终落脚于"育人"，这是新时代思想政治教育的根本任务和目标所在，也是实现思想政治工作创新发展、不断取得实效的必由之路，通过营造良好的文化环境和社会氛围来改变人们的行为方式，促使人与文化之间形成良性互动。水利特色院校进行水文化育人更要借助方式方法的创新，将水文化理论和实践活动有机结合起来，来实现全方位育人的目的。

从思想政治教育的目的来看，思想政治教育在形态上是一种社会现象，但又不同于一般的社会现象，具有思想性、理论性和实践性，必须以立德树人为基本原则来培育和塑造人的品格，以学生的全面发展为最终目标。党的十九大召开以来我国主要矛盾发生了变化，高校面临新的形势和任务，在此背景下，如何更好地做好思想政治工作成为各个高校亟须解决的问题。因此，水利特色院校在开展水文化育人工作时，应该以思想政治教育理论为指导，并结合实际，发挥水文化在培育时代新人方面的独特优势和积极引导作用。

第二章

新时代水利特色院校文化育人的
要素与实施条件

作为一种具体的思想政治教育实践，文化育人有育人主体、育人客体、育人媒介和育人环境四个基本要素，它们相辅相成、密切配合，共同构成相对稳定的要素结构；文化育人具有自身内在的运行机制，实际上文化育人的过程就是文化价值客体主体化的过程，实现文化价值客体主体化具有其内在机制。文化对人具有天然的影响，要充分发挥其育人功能，有效实施文化育人，需要从根本上满足一些基本条件。

第一节　水利特色院校文化育人的要素

任何一个事物存在都有其自身的构成要素。"文化育人"作为思想政治教育实践活动，也有其基本构成要素，即育人主体要素——教育者，育人客体要素——大学生，育人媒介要素——文化载体，育人环境要素——以先进文化为主导的文化环境，这四个要素都是"文化育人"得以发生和实现的关键性因素，缺少它们中任何一个，思想政治教育意义上的文化育人都无从实现，并且每一个要素都不能孤立地存在，独自实现文化育人，而是四个要素相辅相成、密切配合。

一、育人主体要素——教育者

教育者是组织实施文化育人实践的主体，是文化育人的一个基本构成要素。文化育人主体，是指以思想政治教育为目的通过文化手段进行育人的主动行为者，这一主动行为者，统称为教育者。教育者既可以是具有主动教育功能的组织，也可以是教育组织中的个人或者由多人组成的群体。本书讨论的文化育人的施教主体是文化育人实践活动的真正设计者和组织者——人，即水利特色院校教师和从事教育教学管理的管理者。

教育者在文化育人过程中的根本职能就是价值引导，即"以社会的要求为准绳，科学地影响教育对象，不断把教育对象的思想政治品德提升到社会需要的水平"❶。即按育人计划，组织、设计和实施文化育人活动，采取多样化的方式方法调动和发挥教育对象的主体能动性，本着价值主导原则引导教育对象思想品德向社会要求的方向发展。由于教育者在文化育人过程中的根本职能是思想政治教育，在他们身上具有共同的职业特点，最为突

---

❶　刘书林，高永. 思想政治教育的对象及其主客体关系［J］. 思想理论教育导刊，2013（1）：97－99.

出地体现在如下几个方面：

第一，充满社会主义文化自信。坚定中国特色社会主义道路自信、理论自信、制度自信，说到底是坚定文化自信，文化自信是更基本、更深沉、更持久的力量。文化自信是根植于人内心的一种信念，是对自己国家、民族创造的文化价值的一种认同和肯定。中华民族要繁荣振兴，需要有高度的社会主义文化认同与文化自信。教育作为社会主义文化自信生成的源头活水，教育者从中承担重要角色，发挥重要作用。他们是文化自信的引领者，要给学生一杯水，自己要有一桶水，在引导学生树立社会主义文化自信之前，自己首先要让自己一往情深地融于中华民族优秀传统文化，满腔热情地投身于社会主义伟大建设实践之中，成为充满社会主义文化自信之人，这是职业角色使然，也是职业责任使然。

第二，具有传播社会主义先进文化的自觉。"讲好中国故事，传播好中国声音"❶，这是对宣传工作者的要求，也是对教育工作者的要求。讲好中国故事、传播好中国声音是水利特色院校教育工作者的一项重要使命，他们不仅要成为充满社会主义文化自信之人，还要成为自觉传播社会主义先进文化之人。当代大学生成长于全球化和社会改革开放时期，没有经历过革命战争的洗礼，没有品尝过社会主义建设与发展的艰辛，对中国博大精深的文化也很难有深刻的理解和把握。这就需要教育者要主动宣传社会主义核心价值观、弘扬中华民族优秀传统文化，澄清模糊认识，以增强大学生对中华民族文化的认同。在文化育人实践中，教育者都能牢记使命，自觉传播社会主义先进文化。

第三，具有文化价值主导性。一所学校能否为社会主义现代化建设培养出合格人才"关键在教师"❷，具体讲在教师的文化价值主导性，即教师"在思想政治教育实施过程中发挥其主导作用方面表现出来的积极属性。"❸ 同样，在文化育人过程中教育者也具有文化价值主导性。随着文化全球化和改革开放的不断深入，社会上各种思潮林立，中西方文化价值相互交锋、渗透，人们的价值观念朝多元化方向发展。在这一社会背景下，中国文化要健康发展，必须坚持一元主导与多样发展相结合。一元主导体现在文化育人上，就是用社会主义先进文化为学生成长成才提供正确方向和精神动力，落实好"立德树人"根本。在育人过程中，教育者是教育计划的执行者、教育活动的设计者和组织者，他们按照一定的教育计划，设计文化育人活动，并将思想政治教育信息融入育人活动之中，通过文化渗透的方式影响教育对象的思想价值观念，引导其朝着国家主导文化方向发展。从学生角度看，他们作为受教育者，正处于价值观形成的重要时期，思想观念尚未完全发展成熟，思想行为尚不稳定，对文化价值的领悟力、判断力等都有一定的局限性，面对复杂的社会现象和良莠不齐的多样化价值观念，他们很难做出精准的判断和正确的文化选择，需要教育者根据其身心发展水平进行有针对性的教育和引导。因此，在文化育人过程中，教育者自始至终体现出文化价值的主导性。

作为文化育人者，除了具有上述三个突出特点之外，他们还重视将显性思想政治教育

❶ 习近平. 在全国宣传思想工作会议上强调胸怀大局把握大势着眼大事努力把宣传想工作做得更好 [N]. 人民日报，2013－08－21 (1).

❷ 邓小平. 邓小平文选（第2卷）[M]. 北京：人民出版社，1994：108.

❸ 石书臣. 现代思想政治教育主导性研究 [M]. 上海：学林出版社，2004：251.

与隐性教育相结合，充分发挥文化潜移默化地教化人、影响人的功能。

教育者是文化育人活动的发起者和主导者，没有教育者，文化育人就没有了施动者，也就不是基于思想政治教育目的而实施的文化育人。因此，教育者在文化育人基本构成要素中不可或缺。

二、育人客体要素——大学生

思想政治教育活动的对象都是其教育客体，主要有两种：一是指人客体；二是指物客体，如教育的内容、工具、方法、资源等。进行思想政治教育的最终目的是培养人、塑造人。本书中主要探讨思想政治教育的人客体，即水利特色院校文化育人的对象——大学生。

大学生在文化育人过程中是教育对象，其主要任务就是接受主体引导，学习、适应和内化，不断提高自身素质，同时积极调动自身的"主体性"因素，在文化育人过程中，充分表现出自身的特性，参与并影响育人过程。大学生与教育者之间的关系建立在平等和相互尊重的基础之上，即"主体尊重客体的特点和接受教育的规律，……客体尊重主体的引导。"❶ 在这一过程中大学生不断的自我完善。

大学生正处在青春时期，是价值观形成的关键阶段，在这一阶段他们表现出鲜明的特点。

第一，具有鲜明的主体性。大学生的主体性，主要是指在文化育人过程中，大学生对教育者传递的社会主义先进文化价值理念能够独立地作出判断和选择，主动接受先进文化的积极影响，自觉进行内化并积极调整行为，将自己的文化价值理念落实到行为实践，并在实践过程中不断完善自身品德。实际上教育者传递的任何思想政治教育信息和文化价值观念，都是外部的客体，只有通过主体的吸收内化、并外化行为实践，文化育人才收到了应有的实效。如果没有主体的自觉参与，任何教育都等于零。从这个意义上讲，大学生的主体性是一种"自觉能动性"，是"接受教育的主体性"❷。大学生的主体性主要体现在：

处在快速成长期的大学生，不仅身体上发育迅速、体力精力旺盛，而且成人感和独立意识明显增强，求知欲望强烈，对外界信息反应灵敏，这使得大学生在文化育人过程中表现出积极接受先进文化思想、主动汲取文明营养的主观能动性，表现出乐于独立思考、自主做出价值判断和选择的自主性，表现出大胆实践、勇于探新、不断突破自我的实践创新性。

大学生作为教育对象，具有主体性，但在文化育人过程中并不居主导地位，不能承担文化育人的主要责任，不能作为文化育人的主体。因此，在文化育人过程中，有必要充分调动学生的积极性，有必要尊重学生主体性的发挥。

第二，具有极强的可塑性。"科学教育之父"赫尔巴特在其著作《普通教育学》中明确提出人具有"可塑性"。可塑性是指"思想政治教育对象的思想品德是可以经由环境的影响和教育者的作用加以塑造的"❸，即教育对象的思想行为通过教育能够向符合社会要

❶ 刘书林，高永. 思想政治教育的对象及其主客体关系［J］. 思想理论教育导刊，2013（1）：97－99.

❷ 张耀灿，郑永廷，等. 现代思想政治教育学［M］. 北京：人民出版社，2001：149.

❸ 陈万柏，张耀灿. 思想政治教育学原理［M］. 2 版. 北京：高等教育出版社，2007：160.

求的方向发展。人的思想文化观念和道德品质不是自发形成的，而是在一定的文化环境影响和思想政治教育作用下，在社会文化生活实践中逐渐形成并不断发展的。可塑性强调的就是"人性的生成性、交互性、可教化性和内在主动性。"❶ 教育对象的可塑性是教育者实施文化育人的基本前提和内在依据。

大学生正处在各种心理活动异常活跃、急剧变化的年龄阶段，认识容易偏执，情绪容易走极端，意识有时执拗，且容易受外界的影响，存在着明显的不稳定、可塑性大的特点。大学生在文化育人中的可塑性，主要涉及思想文化认知方面的可塑性、文化价值判断与选择能力的可塑性、文化道德内化与外化转化能力的可塑性、文化道德实践能力的可塑性等。

文化育人是教育者有目的、有组织、有计划实施的育人活动，在教化人、塑造人方面具有非常突出的作用。实施文化育人，要坚持以学生发展为本，充分关注大学生的主体性和可塑性，尊重学生成长规律，对大学生的文化思想与品德塑造施加有益的影响，促使大学生全面提升自身的综合素质。

三、育人媒介要素——文化载体

在文化大繁荣大发展的当今时代，文化载体正以其特有的优势日益成为思想政治教育载体的重要形态。思想政治教育也只有在运用文化载体进行育人时，才称得上是文化育人。文化载体作为文化育人过程中不可或缺的媒介要素，它不仅是主体与客体发生关联的重要媒介，也为文化育人各要素相互作用、相互影响提供了平台，它是"由若干要素以一定结构形式联结构成的具有某种功能的综合系统"❷。文化载体具有如下三方面的内涵：

第一，文化载体必须同时具备 4 个基本条件：一是能够承载具有思想政治教育意义的文化价值信息；二是能够使教育主、客体之间发生文化价值信息传递；三是能被教育者所运用和控制；四是具有引导人、教化人的功能。

第二，文化载体的形式是多种多样的，各种文化物质实体和文化活动形式都可以成为文化载体。从最主要的学校育人活动形式看，有课堂育人、实践育人、校园文化育人，有教书育人、管理育人、服务育人；从文化发掘活动形式看，有将思想政治教育内容融入到各级各类文化建设中去的文化建设活动；从文化物质实体看，有书籍、绘画、戏剧、影视、音像等各种文化产品，有图书馆、博物馆、新闻出版等各种文化事业。

第三，文化载体的概念不是静态意义上的，而是在实践中应用意义上的。对某种文化物质实体或文化活动形式来说，它是不是文化载体，并不是固定不变的，关键要看它是否符合思想政治教育文化载体的基本条件。比如在一篇文章、一首歌曲中蕴含着某些能够进行思想政治教育的文化价值信息，但仅凭这一个条件它们还不是育人意义上的文化载体，只有教育者通过阅读、欣赏等一定形式的活动，使受教育者从中接受到教育、启迪或感染，它们才成为文化载体。换言之，即便是一件文化产品承载了很多教育信息，但没有教育者有目的地利用，没有受教育者的接受，它就没有成为文化载体。

文化载体是先进文化传播的必要媒介。文化的发展是靠信息传播得以实现的，其本质

---

❶　沈奕彤，邱伟波. 赫尔巴特"可塑性"观点解读 [J]. 学理论，2015（2）：114－115.

❷　王景云. 当代中国思想政治教育文化载体研究 [D]. 哈尔滨：哈尔滨工程大学，2011.

就在于传播。文化育人活动，从本质上讲就是借助一定的媒介进行的文化传播活动。"传播意义上的媒介是指传播信息符号的物质实体"❶，包括语言、文字、书刊、报纸、广播、电视、电影、多媒体等。随着科技的不断进步，文化的传播媒介日新月异，并呈现出一体化发展的趋势，如电子报刊、网络多媒体等。无论是上述哪一种文化传播媒介，只要符合文化载体的条件，都能成为文化载体，发挥育人作用。

文化载体在文化育人中的作用是多方面的，比如它为育人活动提供必要的承载和传导文化价值信息的媒介；它使育人活动的各构成要素之间有了联系枢纽，"不仅能促使各要素之间相互作用，而且还能对各要素的协调一致产生直接影响作用"❷；它为教育者提供自主创新的平台，使教育者通过不断挖掘和创新文化载体来丰富和创新文化育人的具体方法和手段；它通过自身承载的先进文化信息，发挥其感染人、教化人的功能；它通过文化载体丰富多样的内容及形式，增强文化育人的吸引力和影响力，进而增强育人实效，等等。这些都充分说明，文化载体是文化育人过程中所不可或缺的一种媒介要素。

四、育人环境要素——以先进文化为主导的文化环境

环境是人格形成的必要条件。任何教育的发生都离不开环境的影响。文化以思想政治教育文化环境的形式存在。作为人类实践的产物，文化具有属人性，与人密不可分，文化就像空气一样时时包围在人们的周围，构成人类社会生活的环境，即文化环境。文化环境是影响人素质生成的重要因素。它由"一定的价值观念、日常伦理、道德规范、行为方式、宗教信仰、审美观念及生活风俗等内容构成"，❸ 对人们的思想观念、趣味、需求、情感、行为等产生潜移默化的影响，也直接影响着人们思想道德素质的发展。它是"以无形的意识、无形的观念，深刻影响着有形的存在、有形的现实，深刻作用于经济社会发展和人们生产生活。"❹

马克思的教育环境理论认为"人创造环境，同样环境也创造人"。❺ 思想政治教育是社会文化"大系统"中的一个"子系统"，它离不开社会文化环境的影响。思想政治教育文化环境由文化要素构成，是影响人的思想、行为和思想政治教育活动的外部因素的总和，它强调文化环境的整体性。积极健康的文化环境不仅能够促进人在各方面的发展，还能促进育人活动的有效运行。

先进文化具有重要的育人价值，是育人不可或缺的文化资源，在文化育人中，教育者无论基于下列哪种考虑，都必然要有目的地选择和构建以先进文化为主导的文化环境。

第一，先进文化蕴含着文化价值的"高势能"。文化具有差异性，在不同的文化之间"因其自身所内蕴的知识、价值、规律和表现美等品质的含量不同以及知识的层次和概念范畴位阶的不同"❻ 会形成文化"势位"的高低差异。处在"高势位"的文化自然具有文化价值上的"高势能"，相比于"低势位"的文化而言，具有更强的文化影响力、凝聚力、

❶ 胡正荣. 传播学总论 [M]. 北京：北京广播学院出版社，1997：228.
❷ 张耀灿，郑永廷，等. 现代思想政治教育学 [M]. 2 版. 北京：人民出版社，2006：411.
❸ 冯刚. 坚守核心价值观必须发挥文化的作用 [N]. 光明日报，2015－11－10 (14).
❹ 任仲文. 觉醒·使命·担当：文化自觉十八讲 [M]. 北京：人民出版社，2011：1.
❺ 马克思，恩格斯. 马克思恩格斯选集（第 1 卷）[M]. 北京：人民出版社，1972：43.
❻ 陈秉公. 建设"高势位"的主流价值文化 [J]. 新长征，2011 (12)：7－10.

辐射力。同时，"高势位"的文化会影响和改变"低势位"的文化。

一般而言，处于"高势位"的文化都是先进文化。任何先进文化，都一定是"站在时代前列、合乎历史潮流……代表最广大人民群众利益的文化"❶。中国特色社会主义文化是代表我国文化发展方向的先进文化。它存在于社会文化生活各个领域，以精神品质、价值观念、理想情操等精神文化资源而存在，集中体现为社会主义核心价值观。

从育人的角度讲，先进文化与文化主体"人"之间存在的文化势能差异也是文化育人得以发生的基本前提。先进文化所蕴含的文化价值上的"高势能"，实际上就是它所具有的思想政治教育资源，要有效地进行文化育人，必须充分利用好社会主义先进文化的资源优势，以及它与文化主体"人"之间的"势位"差。

第二，先进文化与思想政治教育相互促进。社会主义先进文化既为思想政治教育提供正确的价值导向，又要依托思想政治教育推动其自身的建设与发展，两者相互促进、相互依存。尤其是在文化强国的新的历史时期，思想政治教育的文化性更加突显，与先进文化建设在培育人和塑造人上更加紧密地契合，两者相互依存、辩证统一的关系也更加突显。

一方面，社会主义先进文化对思想政治教育具有重要的导向性作用。社会主义先进文化以马克思主义思想为灵魂，是指导人们正确认识世界、改造世界的科学世界观和方法论，它蕴含科学精神，崇尚实事求是，尊重客观真理，倡导开拓创新，反对迷信愚昧和因循守旧；它与时俱进、不断创新，渗透于社会生活各个领域，深刻影响着人们的思想，对思想政治教育提出了现实的要求和导向。思想政治教育要高举马克思主义旗帜，用先进的理论武装人；要大力弘扬科学精神，用先进的理念引领人；要坚持以人为本，以最人性化的方式教育人，进而增强思想政治教育的影响力和渗透力，最大限度地发挥其教育功能。

另一方面，思想政治教育能够促进社会主义先进文化的建设与发展。促进人的全面发展，既是思想政治教育的根本目标，也是社会主义先进文化建设的应有之义。在社会主义文化大繁荣大发展的新的历史条件下，思想政治教育只有自觉地把文化作为重要载体和手段，自觉地运用社会主义先进文化来引领人和影响人，自觉地将教育内容有效融于文化创造和文化传播之中，自觉地丰富思想政治教育的文化载体，才能增强思想政治教育的文化育人实效——有效促进人的全面发展，也才能有效推进社会主义先进文化建设。

第二节　水利特色院校文化育人的机制

文化育人作为一个文化价值的客体主体化过程，实现文化价值客体主体化的内在机制主要有人化与化人互动机制、文化认同机制、文化内化与外化机制、感染与模仿机制。

一、人化与化人互动机制

从文化生成的基础看，文化总是以人的主体性实践为基础，是人依照自己的目的和意愿"向文而化"（即"人化"）。离开文化主体人的"向文而化"，文化便失去了可以生成的基础。人"向文而化"有两个向度：一是向外扩张，即按照"人"的发展需要和理想不断改变人的外部世界，使外部世界"人化"。二是向内完善，即按照"人"的发展需要和

---

❶ 沈壮海. 思想政治教育的文化视野［M］. 北京：人民出版社，2005：17.

理想不断提升和完善自我，实现人自身的"人化"。其中，人自身的"人化"离不开文化的参与。无论是因为人作为一种历史性的文化存在，还是因为人作为世界不可分割的一个重要组成部分，人的提升与完善都离不开外部世界文化的孕育和影响，都要经历文化"化人"的历程。正如舒扬教授所言，"文化像人的血脉一样，贯穿在特定时代、特定民族、特定地域的总体性文明的各个层面中，以'自发的'、'内在的'方式左右着人类的生存活动"❶。从这个意义上讲，"人化"与"化人"共同构成文化生成的基础，两者均不可或缺。

从文化生成的历程看，文化是在"人化"与"化人"的双向历程中生成的。人创造文化，文化也塑造人。人与文化是一种双向构建的关系，这种关系主要体现在两个方面：一方面，是人向文而化，简称"人化"，即人通过社会实践，将外部世界对象化，创造出丰富多彩的文化。人将外部世界对象化的过程，实际上就是人"向文而化"的过程。人在向文而化的过程中创造文化，发展文化。另一方面，是文化"化人"，即人在外部世界文化的孕育下不断发展、提升。在文化化人的过程中，看似没有直接创造新的文化，但是促进了新的文化主体的生成，为进一步的文化创新发展奠定了基础。从这个意义上讲，文化生成于"人化"与"化人"的双向历程中，是人与文化相互构建的结果。

文化生成的内在机制体现在"人化"与"化人"的互动过程之中，这一互动过程就是"人类文化的原初生成和当代生成的共同规律"❶。"人化"与"化人"，作为文化生成的双向历程，二者彼此交融、循环往复、互生互动，文化就是在二者之间永不停息地双向互动中不断地生成着、发展着。

文化育人的过程是通过加强社会主义先进文化建设来促进人的全面发展的过程。在这一过程中，社会主义先进文化的发展与人的全面发展相辅相成，相互促进。其中，"发展社会主义先进文化"是人向文而化即"人化"的过程，是"人"对"文化"的构建；而以社会主义先进文化促进人的全面发展，是"化人"的过程，是"文化"对"人"的构建。从这个意义上讲，文化育人的过程，实质上也是"人"与"文化"双向构建的过程，文化育人的价值，就是在"人化"与"化人"的互动机制中得以生成和实现。

从"人化"与"化人"的互动机制可知，实施文化育人，要着重从两个方面下工夫：一是加强社会主义先进文化建设，在具体的文化育人活动中，就是加强承载社会主义先进文化的文化载体建设，以增强文化化人功能。二是加强人的主体性建设，促进人的全面发展，以增强人在发展社会主义先进文化中的本质力量，即提升"人化"水平。

二、文化认同机制

文化育人强调以文化人，强调文化知识内化为个体自身的思想、情感及行动中的文化自觉。在这一过程中，起至关重要作用的是主体的文化认同。所谓认同是指个体人对个体之外的社会意识的价值和意义在认知和情感上的趋同，并促使个体自觉行为的一种心理倾向。认同可有多种指向，如民族认同、国家认同、文化认同等，其中，文化认同是最深沉、最持久的力量，处于最核心的地位。文化认同是指对一个群体、一个民族、一个国家

---

❶ 刘尚明. "人化"与"化人"：当代文化生成的内在机制——读《当代文化的生成机制》[J]. 广东省社会主义学院学报，2009（1）：107－108.

文化身份的认同感，它是一种肯定的文化价值判断，"文化认同中的文化理念、思维模式和行为规范，都体现着一定的价值取向和价值观"❶。文化认同，对个体人而言，是个体人进行文化内化并形成自身文化价值观的重要前提；对于国家和民族而言，"是增强民族凝聚力的精神纽带，是民族共同体生命延续的精神基因"❷。

文化认同在"先进文化"和受教育主体——"人"之间扮演着非常重要的角色，它是文化价值由"先进文化"客体向文体主体"人"转移的中转站，是实现文化价值"客体主体化"的必要条件，也是文化育人功能得以实现的前提和基础。

文化认同分为外显认同和内隐认同。二者之间的关系，既相对独立，又紧密联系、相互促进。外显认同能够促进内隐认同的发展，内隐认同反之又能促进外显认同的发展。一般而言，文化在人的心理内化过程中，是遵循从外显认同到内隐认同的秩序构建的。作为文化内化的前提，文化认同是个体思想形成的重要基础。

文化认同机制，蕴含于个体对文化的外显认同和内隐认同过程之中。外显认同是个体对一种文化价值的明确认定与选择，它是个体态度转变中一个至关重要的环节。按照社会心理学的观点，个体态度的转变分为"服从""认同""内化"三个阶段。其中，"服从"是迫于外在压力或权威而表现出来的短暂性顺从。服从并不意味着认同，它只是表面上的顺从并且很容易改变。"服从"是个体在外部压力下对"你要我怎样做"的一种形式上配合。"认同"是"服从"的进一步深化，表示个体不再是被动地服从，而是从内心开始主动地认可和接受一种文化价值，体现出个体自我的价值判断和价值选择，但这种价值判断和选择只是发生在思想观念层面，还没有成为自己的行为习惯，也较易因外界影响而发生变化。"认同"为"内化"奠定了基础，使"内化"具有了发生的可能。"内化"是认同的进一步深化，是个体对某种文化价值认同的固化性结果，所谓固化性，主要是指一种文化价值经个体内化之后，转化为个体相对稳定的行为、信念，并在实践中以持续一致的方式得以显现，表现为个体相对固定的思想行为习惯。"内化"是个体心理态度转变的最终体现，它不再是"你要我怎样做""我接受你的观点"，而是"我要怎样做"，是个体主体性的体现。

总之，个体态度转变的过程，是一个从"你要我怎样做"向"我要怎样做"转变的过程，是一个由被动服从向主动践行转变的过程。在这一过程中，外显认同强调个体明确而自主的价值判断和选择，强调对社会主导文化价值观念的积极认同。它是个体态度转变的关键性环节，既为改变个体被动"服从"的状态提供了心理基础，也为接下来的文化"内化"提供了心理上的驱动力，并使三个环节由前至后逐步深化，有效承接，形成联动，在促进个体态度转变的过程中发挥着至关重要的机制性作用。

内隐认同是个体对外在观念影响的一种接纳方式，也是个体认知与学习的一种重要方式。多数情况下，个体对外部的影响是在不知不觉、潜移默化中自然接受的，具有影响发生的内隐性，即内隐认同。内隐认同的内隐性在于，个体思想观念的更新、发展变化都是以潜隐不显的、个体不知不觉的方式进行的。通常情况下，外在观念在个体身上发生的影

---

❶ 赵菁，张胜利，廖健太. 论文化认同的实质与核心 [J]. 兰州学刊，2013 (6)：184－189.

❷ 秦宣. 关于增强中华文化认同的几点思考 [J]. 中国特色社会主义研究，2010 (6)：18－23.

响作用，以及个体文化价值观念的习得与养成，大多是以内隐认同的方式进行的。可以说，个体思想形成的过程在很大程度上是个体对其发生影响的文化之内隐认同的过程。内隐认同作为个体思想形成的重要机制，在个体接受外部文化的影响中发挥着重要的作用，对个体行为的选择也起着决定性的作用。

个体对外部文化价值的判断和选择，是文化认同的重要结果。作为个体思想形成的重要机制，文化认同是外显认同和内隐认同的综合体现，虽然说个体对外部文化的接受，以及个人思想的形成，多数情况下是潜移默化、非自觉的，是内隐认同的结果。但外显认同作为个体认知和学习的一种重要方式，在人的思想形成过程中不可或缺。个体对外部文化影响的接受过程，不是仅凭单一的外显认同或内隐认同就能实现的，而是两种认同机制共同发生作用的过程。从这个意义上讲，无论是文化外显认同，还是内隐认同，都是个体思想形成的重要机制，都在文化育人过程中发挥着不可或缺的作用。实施文化育人时对外显认同和内隐认同应该予以同样的重视。

三、文化内化与外化机制

人的文化价值观不是与生俱来而是在后天的学习生活中逐渐习得的，它有一个文化内化与外化的过程。文化育人作为一种思想政治教育实践，其受教育者对文化的习得也有一个过程，其中，文化内化与外化是不可或缺的两个基本环节。

第一，文化育人的过程实质上是文化的思想政治教育价值"客体主体化"的过程。文化育人的核心目的是利用文化的思想政治教育功能培养人、塑造人，重在追求文化的思想政治教育功能的实现。这一功能实现的过程，实际上就是文化价值的"客体作用于主体，对主体产生实际的效应，这个过程是主客体相互作用中的客体主体化过程。"❶ 它不是价值从无到有的过程，而是从"可能"到"实现"、从"潜"到"显"、从"客体"到"主体"的过程，归根结底是文化价值客体主体化的过程。

第二，文化内化与外化是文化价值客体主体化过程的两个基本环节。文化育人中文化价值"客体主体化"的过程，不是简单的客体作用于主体的过程，而是主客体相互作用的过程。这一过程由文化内化与文化外化两个基本环节构成，是一个从文化内化，到文化外化、再到更高层次的文化内化和文化外化的周而复始的发展过程。文化内化，是文化中所蕴含的思想政治教育相关的思想、认识、政治、道德等内容，为受教育个体所接受，并转化为个体相对稳定的思想价值认知、情感、信念等内在意识的过程。文化外化是受教育个体将内化形成的思想价值意识和动机转化为外在的思想品德行为，并养成良好行为习惯的过程。

经过文化内化与文化外化两个环节，文化中所蕴含的思想政治教育价值，从受教育者个体之外的价值客体，到被个体接纳吸收成为其自身的价值观念，再到经个体价值观驱动转化为外显的思想品德行为，实现了从客体到主体的转移，这一过程就是文化的思想政治教育价值客体主体化的过程，也是受教育个体思想政治品德形成发展的过程。

第三，文化内化与外化二者辩证统一，关系十分密切。其一，二者是内在统一的。它们都以思想政治教育实践活动为基础，以良好的育人实效（即塑造人的良好素质，使人养

---

❶ 项久雨. 思想政治教育价值论［M］. 北京：中国社会科学出版社，2010：180.

成良好的行为习惯）为目的。其二，二者是相互依存、互为条件的。文化内化是文化价值输入，即将外在的文化思想意识转化为个体内在的文化思想意识，使人形成新的思想，它是文化外化得以发生的前提和基础。而文化外化是文化价值输出，即将个体的文化思想及动机转变为外在的文化行为，使人产生新的行为，它是文化内化成果的外在体现，是内化的目的和归宿。没有外化，内化也就失去了存在的意义。其三，内化与外化之间是相互渗透、相互贯通的。在内化过程中，思想认识离不开行为实践，在外化过程中，行为实践也离不开思想认识的驱动和指导。二者之间不是凝固僵死的，在一定条件下互融互动、相互贯通、相互转化。

第四，文化内化与外化是思想政治教育过程中实施教育的两个重要阶段。在文化内化阶段，教育者要运用一定的文化载体，将特定的思想政治教育内容传递给受教育者，使受教育者从中自主选择和汲取其文化思想价值，并形成个体内在的文化思想意识。在文化外化阶段，教育者要帮助和促进受教育者把自己内化形成的文化思想意识自觉地转化为外在的思想品德行为，并养成相应的行为习惯。在这两个教育阶段，教育者的教育主体作用十分重要，没有教育者的教育设计、安排与推动，思想政治教育意义上的文化价值内化和外化将无从实现，文化育人也无从谈起。因为只有经过内化与外化，文化育人的成效才能得以展现。从这个意义上讲，文化内化与外化也是文化育人的两个基本环节，在文化育人中不可或缺。

四、感染与模仿机制

在文化育人实践中，教育者不明言施教，而是借助于各种文化实践活动，间接地传递思想政治教育信息，感染教化受教育者。文化育人强调利用先进文化育人，而先进文化不是独立、抽象地存在的，它总是以丰富多样的形式具体地存在于某些特定的文化载体之中，融于个体所处的文化环境之中。个体对先进文化的感知和接受也多是发生在某些特定的文化情境之中，是在特定文化情境中受到文化熏陶和感染的结果。

感染是个体对特定文化情境中的思想政治教育信息自觉地产生共鸣，并受到心灵上的洗礼与触动，其实质上是一种情绪、情感及认识上的交流和传递。感染是教育者通过一定的文化情境来影响受教育者的方式，它作为一种教育教化机制，在文化育人实践中发挥着重要的作用。通过感染的教育机制，教育者能够通过某种方式引起受教育者相同的、符合思想政治教育要求的情感、认识和行动，受教育者能够"无意识、不自觉地接受一定的思想政治教育施教"❶。

教育者运用感染机制的目的是要使受教育者的思想认识得到提升，行动得到优化。而这一目的的实现，还需要受教育者能动地参与。模仿是人类社会学习的重要形式，是受教育者接受"感染"刺激所作出的一种类似反应的行为方式。"模仿"与"感染"相伴而生，二者都是文化育人实践中的重要教育机制。

在文化育人过程中，模仿是受教育者政治思想品德习得的一种重要方式，也是一个观察性学习的过程。班杜拉提出模仿或观察性学习是一个过程，即"一个人观察他人的行为，形成所观察到的行为的运作及其结果的观念，并运用这一观念作为已经编码的信息以

---

❶ 白显良. 隐性思想政治教育基本理论研究［M］. 北京：人民出版社，2013：201.

指导他将来的行为"❶ 的过程。从社会学习理论的角度，模仿作为受教育者对某些刺激有意无意的行为反应，它不是通过教育者的命令而强制发生，也不受教育者所控制，受教育者所表现出来的行为，大多数是通过有意识或无意识的模仿而习得的。模仿的内容也非常广泛，它"不仅限于行为举止，而且包括思维方式、情感倾向、风俗习惯以及个性品格等。"❷ 但在以思想政治教育为目的的文化育人实践中，教育者通过对施教"文化情境"的选定或创设，使对受教育者的"感染"有目标、有方向，进而间接地掌控着受教育者对"感染"刺激所作出的模仿性行为。从这个意义上讲，在文化育人过程中，受教育者的模仿行为是无意识的，但其模仿内容是经教育者特定的，模仿的过程也是受教育者间接地控制调节的。

从总体上看，文化育人的过程，是教育者借助文化的载体对受教育者施以思想政治教育的过程。在这一过程中，教育者通过特定的文化情境"感染"受教育者，受教育者接受"感染"刺激后，经过观察学习和模仿，习得相应的政治思想品德，进而实现教育者施教的目的。文化育人是以润物细无声的方式进行的，是教育者通过有目的的文化"感染"，引发受教育者有意无意的文化"模仿"，并对受教育者形成潜移默化的影响。在文化育人过程中，"感染"与"模仿"二者前后承接，相互贯通，共同为思想政治教育的"文化价值客体"与"受教育者"建立起有效的文化交流与传递渠道，对实现文化价值"客体主体化"起着重要的机制性作用。

由"感染"和"模仿"机制可知，实施文化育人，既要发挥教育者的主导性作用，增强他们对文化育人活动的整体安排及调控能力，如选择运用文化载体的能力、创设文化情境的能力、预判受教育者文化模仿的能力等，又要发挥受教育者的主体性作用，为促进受教育者的模仿创造有利条件。

第三节　水利特色院校文化育人的实施条件

实施文化育人对社会文化的发展、对文化主体的精神文化需要、对思想政治教育自身的发展都有一定的条件要求。在当今文化大繁荣大发展的文化强国时代，人与社会的现代化发展基本上能够满足文化育人的条件要求，主要体现在：社会文化的发展与成熟、人对精神文化需求的提升、思想政治教育的人文精神凸显。

一、社会文化的发展与成熟

文化的功能是"化人"，即影响人、塑造人。文化对人影响力的大小，取决于它所具有的文化势能和文化引导力，取决于它的先进程度。一个社会的文化发展进步成果，是这一社会文化时代先进性的体现，也是这一社会文化的成熟程度的体现。一个社会的文化越先进，其文化发展就越成熟，其文化影响力就越强。

中国共产党是具有高度文化自觉和文化自信的马克思主义政党，它以马克思主义文化

---

❶ ［美］莫里斯·L.比格.学习的基本理论与教学实践［M］.张敷荣，等，译.北京：人民教育出版社，1990：204.

❷ 白显良.隐性思想政治教育基本理论研究［M］.北京：人民出版社，2013：205.

理论为指导，结合我国社会主义革命与建设实践，大力倡导和发展社会主义先进文化，积极建构中国化马克思主义文化的立场、观点和方法。它结合新民主主义革命、社会主义建设和改革开放各个历史时期的文化建设，创造了具有中国新民主主义文化和中国特色社会主义文化这两大先进的文化理论成果。中国新民主主义文化是"以毛泽东为代表的中国共产党人把马克思主义文化理论与中国新民主主义文化建设实践相结合而提出的一种新型文化"❶，它代表了当时中国文化发展的方向，为中国特色社会主义文化的形成和发展奠定了基础。中国特色社会主义文化是以马克思主义为指导的，面向现代化、面向世界、面向未来的，民族的科学的大众的文化。它是中国共产党建党 100 多年来积极建设和发展的成果，是当代中国的主导文化，是中国先进文化的灵魂和发展根基。

中国特色社会主义文化是党领导中国人民进行社会主义伟大实践中，党和人民所表现出来的社会主义共同理想、忠心爱国的民族精神、改革创新的时代精神和社会主义荣辱观的丰富展现。党领导中国人民在几十年的社会主义伟大实践中创造了具有中国特色的社会主义道路、发展模式和快速崛起的丰功伟绩，充分展现了社会主义先进文化的强大生命力，体现了人类文化发展进步的方向。在中国文化走出去的实践中，作为展示中华文化魅力的孔子学院，十多年中在世界各国广泛开办。实践证明，中华文化已借孔子学院及其他诸多实践活动传向全世界。

在中国先进文化的发展建设过程中，中国共产党先后提出了"为人民服务，为社会主义服务""百花齐放，百家争鸣""洋为中用，古为今用""三个面向""社会主义先进文化建设""文化强国""构建社会主义核心价值体系"等文化发展理念，并最终凝练形成了社会主义核心价值观这一中国先进文化的精髓。

随着社会主义先进文化思想体系的不断丰富与完善，中国共产党同时也领导人民开展了大量的社会主义先进文化建设实践，如在"三个面向"原则指导下建设社会主义精神文明、发展社会主义先进文化、构建社会主义核心价值体系、培育和践行社会主义核心价值观等，有力地促进了中国先进文化的发展。其中，培育和践行社会主义核心价值观在当代中国文化建设中居于首要地位。我们要"把培育和弘扬社会主义核心价值观作为凝魂聚气、强基固本的基础工程"，要"把社会主义核心价值观贯穿于社会生活方方面面"，"要弘扬社会主义核心价值观，……不断增强全党全国各族人民的精神力量"，"要坚定道路自信、理论自信、制度自信、文化自信"❷，等等，这些都充分表明当代中国先进文化的发展已经走向成熟。

在当代中国，从本质上讲，文化育人就是以社会主义先进文化影响人、塑造人和提升人，它更强调发挥社会主义先进文化的意识形态功能。中国先进文化发展得越成熟，它所具有的文化势能就越高，所具有的文化引导力就越强，它的意识形态功能也越容易得到发挥。从这个意义上讲，社会主义先进文化自身的发展与成熟是文化育人必要的前提条件。

二、人对精神文化需求的提升

在当今世界，随着文化与政治、经济相互融合的不断深入，文化"越来越成为民族凝

---

❶　吴宏亮. 中国共产党倡导和发展中国先进文化的历史演进［J］. 中州学刊，2012（5）：159－164.

❷　习近平. 把培育和弘扬社会主义核心价值观作为凝魂聚气、强基固本的基础工程［N］. 人民日报，2014－02－26（1）.

聚力和创造力的重要源泉，越来越成为综合国力竞争的重要因素，丰富精神文化生活越来越成为我国人民的热切愿望。"❶ 精神文化需要是人的文化主体性的体现，是人类特有的需要。"需要是人对物质生活条件和精神生活条件依赖关系的自觉反映。"❷ 人作为一种物的存在和文化存在，既有物质需要，也有精神文化需要。精神文化需要是人类特有的需要，它的内容十分丰富，如求知、审美、娱乐、道德、情感、尊重、自我实现需要等，它的形式更是多种多样，不胜枚举。精神文化需要以丰富和发展人的精神世界为目的，是人类对精神文化生活的能动追求与自觉反映，是人类追求自我主体价值的体现。马克思指出"人以其需要的无限性和广泛性区别于其他一切动物"❸，这表明人的需要具有无限丰富性和无限发展性。人在满足衣食住行等物质需求的过程中，也会产生审美爱好、社会交往、感情归属、获得尊重、自我实现等丰富的精神文化需要。而且，人们对精神文化生活的需要也会随着物质生活条件的不断改善而不断提升。精神文化需求的满足以物质需求的满足为基础，对物质需求的实现与发展又有着重大的推动作用，二者相互影响，相互促进，是一个协调发展、共同进步的过程。

人的精神文化需要由低到高大致可划分为三个层级，第一层级即最基本的精神适存需要，一般表现为在社会与精神交往中产生的爱情、友谊、尊重、归属等；第二层级的精神发展需要，表现为人们对科学的思想理论、正确的价值观念、高尚的道德情操、坚强的意志品质的追求；第三层级即最高层级的精神完善需要，如对理想人格的追求、对人生最高价值的追求、对自我实现的追求、对理想社会的追求，等等。

当代中国人的精神文化需求正在逐步提升。随着我国人民物质生活水平的不断提高，以及人们物质需求的不断发展和满足，人们对精神文化生活也有了更多更高的追求，精神文化需求在人们生活中的地位日益凸显。人们开始高度重视自身的精神文化生活品质，求知求美求乐的愿望十分迫切，精神文化需求也空前强烈。目前我国已经进入消费需求转型、文化消费加速增长、文化消费结构优化、文化需求呈多元化发展的阶段，具体表现在以下几个方面：

第一，人们的消费需求转型。随着人们物质生活水平的提高，他们的文化需要得到了激发和释放，文化消费观念也随之转型。尤其是随着新型文化消费观念的兴起，人们的消费需求逐渐从生存型转向发展型、享受型，在基本的衣食住行等"刚性"物质需要得到满足后，人们开始注重与自身发展、生活享乐相关的教育、旅游、健美、娱乐等一些"软性"的消费，比如，为了谋求更好的发展，更大地实现自我价值，人们要参加各类学习培训，不断增加自己的文化资本；为了维护自己的形象尊严，不惜重金进行美容保健，购买时尚服饰、用品，对各种文化产品与服务追求品牌消费；为了享受生活，人们开始热衷参加各种文化休闲娱乐活动，如旅游、听音乐会、唱卡拉 OK、现场观看运动比赛、参加文体活动，等等，以使自己的生活更有质量、有品位、有尊严。在人们消费需求转型的过程

❶　中共中央关于深化文化体制改革，推动社会主义文化大发展大繁荣若干重大问题的决定［N］. 人民日报，2011－10－26.

❷　马克思，恩格斯. 马克思恩格斯全集（第 2 卷）［M］. 北京：人民出版社，1960：164.

❸　马克思，恩格斯. 马克思恩格斯全集（第 49 卷）［M］. 北京：人民出版社，1982：130.

中，人们物质生活水平的提高和思想观念的解放起到了重要的促进作用。

第二，人们对文化消费的需要加速增长。随着人们生活水平的不断提高和消费需求不断向自我发展与享乐方面转型，人们的文化消费需要明显呈现出加速增长的态势。有学者研究表明，文化消费的增长速度和居民收入的增长速度具有高度的一致性，居民收入稳步增长强力拉动着文化需要的增长。近几年人们对精神文化生活更是空前重视，人均文化消费每年都有所增长，与物质需要相比，人们对精神文化需要的增速更快，而且呈加速增长趋势❶。

第三，人们的消费结构优化。随着人们文化素质的提高，人们的文化品位也在不断提升。人们的精神文化需要，从满足基本的精神适存需要，到满足追求价值观念、思想道德品质的精神发展需要，再到最高层级的追求理想人格和自我价值实现的精神完善需要，由低向高，逐渐提升。为满足自己的精神文化需要，人们更加注重提高自身素质，开始学习现代化的新媒体应用技术、接受高层次教育，开始享用较高层次的文化产品及服务。高雅的精英文化不再是知识分子、专家、学者等少数精英分子专享的文化，而是日趋面向广大群众，成为更多人共享的文化。同时，大众文化也迅猛发展，成为人民不可或缺的精神文化食粮。总之，在精神文化消费上，人们张弛有度，既要追求理想谋发展，又要享受生活乐当下，既追求着享受高雅文化的生活品质，又感受着走近大众文化的快乐，保持合理的消费结构。

第四，人们的精神文化需求向多元化发展。当今时代新媒体技术飞速发展、社会主义市场经济不断完善、马克思主义大众化深入发展、大众文化广泛兴起，社会能够提供给人们消费的文化产品和文化服务，内容无比丰富，既有精英的、高雅的，也有大众的、通俗的，涉及社会科学、自然科学、文学、艺术等一切领域；形式非常丰富，既有传统的，也有新兴的，通过各种各样的文化载体广泛融入到人们的日常生活之中，人们消费十分便捷。随着人们可选择的文化消费项目和文化载体日益增多，文化需要的内容和形式也更加丰富多样，而且越来越多地利用现代化的科技手段来满足自身文化需要。随着人们文化生活品质的提升，人们精神文化需要层次也在不断提升，呈多样化发展，如今培训教育、旅游、网络平台、数字娱乐日益升温，为进一步发展社会主义文化奠定了基础。

人对精神文化需求的提升，作为人的文化主体性发展的一个重要标志，是文化育人中不可或缺的人的能动性的体现，是实施文化育人的一个必要条件，而且人的精神文化需求层次越高，越有利于文化育人的有效实施。

三、思想政治教育的人文精神凸显

思想政治教育是统治阶级教化人民大众、维护阶级统治、推动社会发展的一种手段。从古至今，在不同阶级统治的社会、在不同的社会历史发展阶段，思想政治教育的手段不尽相同，如有的是武力镇压式的，有的是精神麻痹式的，有的是人文关怀式的。从总体上看，社会发展的现代化程度越高，思想政治教育的人文精神越是凸显。而思想政治教育凸显人文精神是实施文化育人的一个重要条件。

在当代中国新的社会历史发展条件下，随着社会文明程度的不断提高和思想政治教育

---

❶ 王燕. 当前我国人民群众文化需要问题研究［D］. 太原：山西大学，2013.

现代化的不断发展，人文精神在思想政治教育中也不断得到凸显。

第一，人文精神成为思想政治教育的内在价值追求。作为一种培养人、发展人的精神生产性社会实践活动，思想政治教育不仅具有政治性，更具有浓郁的人文性，人文精神是其内在的价值追求。人文精神的思想灵魂是"以人为本"，核心要义是人文关怀，即对人类生存意义和价值的关怀。它以关心人的发展、满足人的需要为逻辑起点，以升华人的思想情操、完善人的道德品格为价值取向，以唤醒人的主体意识，促进人的全面自由发展为根本目标。

思想政治教育的核心价值追求是以人为本，以人为主体，给人以终极关怀。在思想政治教育实践过程中，每一项教育内容的安排、教育方式方法的选择、教育环节的设计等都渗透着对人的最深切的关怀，包括关怀人的生存与发展需要、关怀人的生命尊严和价值，培养人的精神信念与道德人格，强化人的主体性和价值理想。

思想政治教育对人的终极关怀，是以尊重人的自由和自律为基点，以人性化的方式实施教育和引导，使人能够在追求自我价值的过程中，体验到生活的意义，形成自己的价值理性和道德责任意识，并能够自我"立法"，自我约束，自我完善人格，从容面对生命历程中的各种挑战，实现以自觉自律为前提的思想的与行动的自由。从这个意义上讲，思想政治教育不是简简单单地灌输一些道德准则，而是从人自身生命需要和发展的角度，促进人、引领人形成自我"立法"，形成道德"自律"，实现意志"自由"，自觉地生成与完善自己的生命本性。这也正是思想政治教育的人文精神和人文价值追求所在。

第二，人文精神成为实现思想政治教育价值的需要。任何事物的发生、发展与变化都是历史的、具体的，都会因各种条件的限制而在其理想与现实之间、应然与实然之间存在着差距。思想政治教育的主体是人，并且是在特定社会历史条件下由主体人所开展的精神生产性社会实践活动，在具体的思想政治教育实践中，其人文价值所能够实现的程度，既要受到特定社会历史条件的制约，也要受到特定历史条件下人的思想解放程度的制约。

我国传统的思想政治教育，由于过分强调"社会本位"和"政治主导"而忽视了对人的关怀，遮蔽了思想政治教育的人文性，使思想政治教育缺乏"文化"的滋养，人文价值在思想政治教育中没有得到充分的实现。在人们精神文化生活需要不断增强的当今时代，我们要"彰显思想政治教育的文化性，提升思想政治教育的文化品位"❶，进而促进思想政治教育人文价值的实现。

这无论是对国家、社会还是个人都具有重要的现实意义。从宏观上看，思想政治教育人文价值的实现，有利于国家和民族精神的培育，有利于民族文化素质的提升和文化品格的塑造，也有利于为社会提供一种正确的精神价值导向。从微观上看，实现思想政治教育的人文价值，既有利于受教育个体人文精神的培育，也有利于促进人的健康全面发展，形成优良的品格、高尚的情操、坚强的意志、独立的精神、博爱的情怀。总之，思想政治教育的人文价值的实现，既有利于人与社会的发展，也有利于思想政治教育自身的发展。

第三，思想政治教育中的人文精神越来越浓郁。在文化大繁荣大发展的当今时代，不仅人们的文化价值观呈多样化发展，尊重人和满足人的价值需要，追求人的自由而全面发

---

❶ 沈壮海. 关注思想政治教育的文化性［J］. 思想理论教育，2008（3）：4－6.

展，也成为一种主流思潮。在这一新的历史形势下，思想政治教育作为先进文化建设和人才培养的重要手段，也责无旁贷地顺应时代发展的需要，不断深化教育改革，增强教育的人文性。尤其是随着文化强国战略的推进，思想政治教育的文化性日益凸显，思想政治教育的人文价值诉求上日益强烈，人文精神不断增强。思想政治教育要以人为本，要调动人的积极因素，发挥人的主观能动性，要注重关心人的感受，贴近人的心灵。作为一种教育理念和手段，素质教育实质上就是一种人文关怀的教育，它以关注人、培养人、发展人为出发点和归宿点，追求教育的人文价值和人文精神，这也正是思想政治教育的人文价值追求。

　　总之，在文化强国时代，思想政治教育要体现它的育人价值，并长久保持育人活力，必须要坚持以人为本，对人施以深切的人文关怀。当前，思想政治教育的文化性不断增强，在育人实践中不断凸显人文精神，为文化育人提供了必要的条件。

第三章

水利特色院校文化育人现状分析

　　文化作为水利特色院校独有的教育资源,具备丰富深厚的底蕴和多元的文化价值,能够影响学生对于传统美德、道德规范和价值观念等方面的认知,是当前水利人才培养工作中不可或缺的一部分。近年来,"三全育人"综合改革工作在水利特色院校中全面推进,各水利特色院校已经充分认识到文化育人在人才培养中的重要性,文化育人工作也取得了一定的成效,但在实际工作中,还面临着一些困境和挑战。

第一节　水利特色院校文化育人面临的
形势与挑战

　　当今世界正处于百年未有之大变局,社会发展大步向前,媒体传播方式日新月异,高校意识形态工作机遇与挑战并存。高校历来是意识形态的前沿阵地,其意识形态工作一方面具有敏感性和复杂性,同时又具有典型性和示范性。保持意识形态工作根本地位不动摇是大学改革发展稳定的重要前提,必须牢牢把握主导权。

一、新时代呼唤水利特色院校承担新使命

　　党的十九大宣告中国特色社会主义进入了新时代,进一步明确了教育事业优先发展的战略,强调建设教育强国是中华民族伟大复兴的基础工程,深刻分析了教育与我国历史进程、现实国情、新时代的关联关系,对高等教育作出了新部署、提出了新要求、明确了新使命。长期以来,我国高等教育取得了全方位、开创性的历史成就,发生了深层次、根本性的历史变革,高等教育展现出前所未有的优势,主要表现在以下几个方面:

　　一是人才培养数量大幅攀升。按照目前中国高等教育发展趋势测算,再经过15年的持续发展,我国接受过高等教育的人数将与美国的总人口数持平,也就是说到时我国将拥有世界上最大规模的接受过高等教育的绝对人数,这就意味着,我国在许多重点领域将有能力汇聚更多人才,将有实力集中力量攻克更大难题,在激烈的国际竞争中抢占先机、赢得主动。

　　二是历史文化积淀得天独厚。中华文化源远流长、底蕴深厚,中国历来有尊师重教、崇学尚德的历史传统,中国古代的太学、书院等高等教育机构作为一种特殊的教育组织形式,在重视学术研究,自由讲学,提倡尊师等方面值得当代高校借鉴。中华优秀传统文化博大精深、影响深远,中国特色社会主义文化蓬勃发展、持续繁荣,这些文化元素是推进

人才培养的根基和血脉，也是涵养大学文化自信的深厚沃土。

三是未来发展机遇前所未有。从世界发展史来看，新一轮工业革命和科技革命孕育兴起，以人工智能、云计算、物联网为代表的新一代信息技术日新月异，知识创新和科技进步已成为经济社会发展的决定性力量，全球高等教育变革方兴未艾，为我国水利特色院校的发展实现弯道超车提供前所未有的大好机遇。从国内来看，科技强国、质量强国、人才强国、创新驱动发展等国家重大战略，"一带一路"倡议、京津冀协同、长江经济带、粤港澳大湾区建设等国家重大部署，以及产业转型升级等都对培养高素质专门人才提出新的更高要求。

我国水利特色院校经过前期的快速发展也进入了新时代，站在了一个新的历史方位，供求关系发生了深刻变化，水利特色院校的主要矛盾由过去的"有没有"转变为现在的"好不好"的矛盾。新时代党和水利特色院校的需求、对水利人才的渴求比以往任何时候都更加迫切和强烈，这必然意味着水利特色院校承担的使命和责任前所未有、重大而艰巨。因此，面对新形势，立足新坐标，水利特色院校必须主动迎接新时代、引领新发展、担当新使命，坚持扎根中国大地办大学，始终坚持为国家所需培养水利人才。

二、新媒体环境以文化人面临新挑战

1963 年，新媒体（new media）一词由美国哥伦比亚广播电视网（CBS）戈尔德马克（P. Goldmark）率先提出，此后，这一颇具创新意义的词汇不胫而走，成为世界范围内被广泛使用的概念。新媒体作为一种媒体形态，其新主要是相对于传统的电视、广播、户外和报刊等媒体而言，是以数字化为基本特征的媒体形式，有人说新媒体发展到今天，已经到了一种"万物皆媒"的时代，更多的是为人们创设一种全新的媒体环境。

新媒体相对于传统媒体，呈现出许多新的特点，主要包括：一是传播资源海量化，"人人都有麦克风"，每个人都可以成为信息的主体，导致大量信息源、多元多样的传播内容涌入公众视野，并经过参与者转发、加工后呈几何式倍增。二是传播手段数字化，文本、图片、影音等多媒体内容均可以数字化方式传播，信息传输、复制、修改和转换都更加便捷、高效。三是传播方式交互化，信息源与受众之间主体边界模糊，不再是"我讲你听"单方掌握话语权的传统模式，时时互动、时时转换，信息传播双方呈现出公平与对等的特性，每个人既是教育者又是受教育者。四是传播服务订单化，受众完全可以根据自己的喜好选择、分享信息源，媒体也可以根据受众的兴趣爱好提供订单式推送，甚至可以做到根据受众的日常浏览来判断其兴趣爱好，进而主动推送受众可能感兴趣的信息。五是传播语境碎片化，新媒体环境下快餐式阅读成为习惯，网络语言、新媒体语言正在形成新的传播话语体系，获取信息的碎片化特点明显增强，导致大学生无法静下心来阅读经典，满足于一知半解甚至断章取义的碎片化信息，文化知识的获取系统性不强、学习和理解也不够深刻。

新媒体的这些特点，使得新媒体下的水利特色院校完全不同于传统的大学校园，互联网特别是手机新媒体对大学生的吸引力和吸附性极强，使得大学生对网络新媒体的依赖达到了须臾不可离开的程度，深刻改变着大学中人与人之间、大学与社会之间的交往关系，大学文化育人主体不再具有唯一性；意识形态领域面临更大挑战，多样思潮和多元文化在相当大的程度上消减着主流意识形态，网络舆论引导和网络管理等工作还存在诸多的不适应,大学文化传统正在面临新的挑战。大学生的思想行为与学习生活呈现新特点,网络虚拟空间,如网上商店、在线订餐、虚拟社区和社团等,进一步打破了时空界限,媚俗、恶搞等泛娱乐化网络文化异化现象不容忽视;慕课(MOOC)、雨课堂等改变了传统课堂教学的方式;虚拟现实技术和网络技术的快速发展,使网络虚拟情境成为可能,模拟大学物质文化空间,如网络展览馆、电子图书馆、虚拟实验室等,将会深刻改变传统大学物质文化育人的思维和逻辑。因此,水利特色院校文化建设及其育人过程中,必须主动适应这些新特点,积极用好新媒体传播大学精神,推进水利特色院校文化育人。

三、"十四五"水文化建设规划擘画了新蓝图

文化兴则国运兴,文化强则民族强。党的十八大以来,党中央对文化建设工作高度重视,特别是把文化自信和道路自信、理论自信、制度自信并列为中国特色社会主义"四个自信"。党的十九届五中全会明确提出到2035年建成文化强国。党的十九届六中全会通过的《中共中央关于党的百年奋斗重大成就和历史经验的决议》强调,要"推动中华优秀传统文化创造性转化、创新性发展"。水文化是中华文化的重要组成部分,也是水利事业不可或缺的重要内容。习近平总书记先后对保护传承弘扬利用黄河文化、长江文化、大运河文化作出一系列重要指示批示,明确提出统筹考虑水环境、水生态、水资源、水安全、水文化和岸线等多方面的有机联系,为水文化建设提供了根本遵循和行动指南。

2022年1月30日,水利部《"十四五"水文化建设规划》(以下简称《规划》)出台。《规划》提出的总体目标、总体要求和建设任务面向全国,水利部牵头实施的重点项目对地方水文化建设起带动作用,并在总体要求和建设任务等方面进行引导与指导,是指导全国水利系统今后五年水文化建设的重要政策性文件。《规划》指出,党的十九届五中全会明确提出到2035年建成文化强国。水文化作为中国特色社会主义文化的重要组成部分,要在习近平新时代中国特色社会主义思想引领下,贯彻党中央对文化建设的新部署,坚持社会主义先进文化前进方向,把握文化发展规律,挖掘水文化时代价值,丰富水文化的时代内涵,以水文化的繁荣发展推动社会主义文化大发展大繁荣。鼓励各级各类水利院校探索有效的水文化教育模式,将水文化课程纳入水利专业必修课,融入学校的人才培养、学科建设和办学理念中,创新以水文化为载体的教学课堂、素质拓展课堂和实践课堂体系,使水利院校成为传承和弘扬水文化的重要阵地。

水利特色院校是培养水利后备军的主要力量,水文化育人是培育高素质人才的重要方式。《规划》对水利职业院校下一步做好水文化育人工作具有很强的指导性和针对性。水利特色院校应立足自身特色和优势,紧扣水利职业教育改革发展主线,不断加强水文化研究,推进水文化弘扬与创新,在水利发展的时代洪流中,努力培养好新时代水利人才,为水利事业高质量发展提供技能人才支撑。

第二节　水利特色院校文化育人存在的问题

受市场经济的负面影响,一些水利特色院校在办学过程中出现了一定程度的主体使命偏移,官场化、商场化的影响日益深远,急功近利等浮躁情绪日益蔓延,大学精神不断滑坡,大学生赖以生活成长的校园文化环境受到了不同程度的侵蚀和影响,最终使得大学生

无从摆脱心灵上的芜杂、喧嚣与迷茫的纠缠，精神缺钙、自觉缺失、道德失范事件频频呈现。这些不良现象的存在，是社会环境的影响，也是水利特色院校文化育人种种问题的体现。

一、文化育人实践较难落到实处

受市场经济竞争与整个社会大环境的影响，一些大学里充斥着一种功利和实用化的导向，如片面强调大学为经济服务，片面追随市场需求，开设实用型专业和时髦专业等，种种功利的、实用主义行为消解了大学应有的文化品质，遮蔽了大学精神的光芒，对水利特色教育、文化素质教育，乃至文化育人都造成了负面的影响。

随着世界经济一体化的发展和"创新"在现代综合国力竞争中主导地位的凸显，国家对创新型人才培养空前重视。以"创新"为宗旨的素质教育在水利特色院校广泛兴起，从追求立竿见影的科技成果转化，到追求速成的"创新型人才"培养，都不同程度地染上了功利主义色彩。在这种功利主义盛行、学风浮躁的教育形势下，水利特色院校的文化育人活动，也不自觉地受到功利主义教育理念的影响，教育者很难有足够的耐心真正将文化育人落到实处，在周围一片喧嚣与浮躁中守护着"人文化成"这一潜移默化的漫长的发生于人脑和心灵的隐性作用的过程。

在具体工作中，文化育人实践很难落到实处，教育者所组织的文化育人活动，往往是为标榜文化育人理念而活动，为彰显活动形式而活动，为追求活动效应的而活动，很多都是短期的形式性的，并没有从"人文化成"的素质发展规律出发，立足长远，系统性地实施文化育人。这样功利化的育人活动，其效果主要体现在各种报表材料和工作汇报，停留于纸面。对于学生而言，不但不能真正从心灵上得到陶冶、启迪和教化，反而受其功利主义的负面影响，形成浮躁心理，养成片面追求功利和实用的行为习惯，如参加活动不是为了成长而是为了修学分，当学生班干部不是为了锻炼成长自己和服务他人与社会，而是为了增加就业砝码，等等；对于水利特色院校而言，不但没有达到应有的人才培养实效，反而成了人才培养工作的严重阻碍。

二、整体育人的合力不足

文化对人的影响力是潜移默化的，是沁人心脾的，是整体性的。文化育人强调文化的隐性渗透，强调文化价值的个体内化，强调各种文化因素的合力作用。从育人模式看，它是大学生素质教育应有的模式，它强调"各门科学知识的综合，各门科学理论和方法的相互渗透，……相互联系和作用"[1]，强调通过教育打破各种知识之间人为的界线，整合科学与人文，让教育搭起知识、文化与人格完善的桥梁。从育人过程看，它强调把客体的文化内化为个体的精神。这就要求水利特色院校文化育人要把着力点放在科学与人文的融合上，放在文化知识内化上，这是一项系统工程，需要全面协同的文化育人实践，需要合力共振的文化育人实践。

大学文化是校园里的一种精神氛围，是大学生健康成长的精神家园。要建设好这一精神家园，对于学校而言，一要充分发挥学校与家庭、社会之间的协同作用，通过教育合

---

[1] 章竞，何祖健. 从"知识育人"到"文化育人"——整体论视野中的大学素质教育［J］. 高等教育研究，2008（11）：39－42.

力，给予学生健康、积极、向上的精神感染，培育良好的文化氛围。二是要充分发挥学校教学、科研、管理、服务的协同作用，把校园文化环境建设贯穿于教学、科研、管理和服务工作之中，形成教书育人、管理育人、服务育人的合力。只有对外充分发挥学校、家庭、社会的文化协同作用，对内充分发挥教书、管理、服务的文化协同作用，才能真正形成文化合力，产生文化共振的效果。

文化是一个大概念，涉及学校工作的方方面面，在大学校园里，没有哪一个人或组织能够脱离文化而存在，也没有哪一个人或组织与文化育人毫不相干。在文化育人实践中，虽然水利特色院校都在积极开展校园文化建设，开展大学生文化素质教育，乃至进行大学文化建设，但限于学校领导之间、各部门之间界限分明的职责分工，还很难从顶层设计的角度，有一个领导或组织来统筹抓、系统抓文化建设，抓文化育人。这就难免会出现各个部门、各个岗位的教育者，按各自分内工作职责在自己的工作"面"上和工作"点"上各自为政地、散发性地开展文化建设及育人活动，使大学文化合力缺失、学生文化内化不足的现象都不同程度地存在，如第一课堂理论与第二课堂实践相脱节，文化知识教育与文化环境濡染相脱节，科学教育与人文教育相脱节，学校教育与家庭教育、社会影响相脱节，等等。

三、理论与实践脱节现象明显

加强大学生文化素质教育，实施文化育人，目的是提高大学生文化认知、促进文化价值观念内化，培养大学生的思想和行动自觉，实现知与行的内在统一。当今时代，社会需要广泛培育社会主义核心价值观，文化育人主要是结合社会主义核心价值观教育，将社会主义先进文化融入到思想政治教育的全过程，融入大学生学习生活的各个方面，使学生在日常学习生活中通过文化的濡染形成自己的文化认知、养成自己的文化行为习惯。

而在具体水利特色院校文化育人实践中，还存在着明显的理论与实践相脱节的问题。主要表现在三个方面：其一，在大学文化建设中理论与实践相脱节。加强文化建设、促进大学生文化内化是实现大学生知"道"、体"道"、行"道"内在统一的关键环节，也是文化育人的重要工作内容，而当前水利特色院校开展文化建设大多停留在文化活动和精神产品层面，比如文化节、艺术节、博物馆、校史馆、校歌、校训等，除此之外，还没有把对文化育人的理性认识变成师生的日常生活、工作和学习中的细节，让文化于细节处融入日常工作生活实践。其二，在文化育人中还存在着育"知"多、育"行"少，育"知"标准高、脱离学生发展实际的现象，使学生获得的文化认知都是建立在塑造社会主义理想人格的高标准之上的，而有些并不符合学生发展实际和现实需求，不利于学生"知""行"统一。或者在育人方法上不为学生喜闻乐见、不易被学生所接受。其三，学校教育与生活实践相脱节。大学生所接受的学校教育和社会生活影响具有巨大反差，在学校教育中他们要成为有理想、敢担当、能吃苦、肯奋斗的新时代好青年，而在社会生活中却又难以避免个人主义、享乐主义、拜金主义等不良风气的影响，这不仅使学校教育得不到应有的实践与体验，也很容易使学生形成"知与行是两回事儿""这样说不等于要这样做"等错误认识，进而对学校教育形成心理阻抗，虽然表面接受，但没把它真正内化为个人的文化自觉和文化选择。

这些教育问题的存在，在一定程度上影响了育人效果。主要体现在：有些大学生在现实生活中存在文化认知与文化实践相脱节的现象，比如，他们知道应该先公后私，实际做时却往往先私后公；知道应该"重义轻利"，实际做时却往往重实惠、讲实利；知道应该文明守信，但校园里不文明和违纪现象也屡见不鲜。"知行合一"是对大学生最基本的要求。大学生文化认知与文化实践相脱节，是文化育人中存在的一个突出问题。

第三节　影响水利特色院校文化育人效果的主要因素

文化育人涉及文化、教育、人这三大领域，是一个十分复杂的系统工程，其育人实效性也会受到来自各个领域诸多因素的影响，其中最主要的影响因素来自社会文化大环境、校园文化环境、教育者、教育机制几个方面。

一、社会转型中国家主导文化受冲击

随着改革开放和社会主义市场经济的深入发展，我国社会进入全面深化转型时期，社会经济成分和经济利益、社会生产方式、社会组织形式等都朝着多样化的方向发展。社会转型不是一个单纯自然的过程，而是"与观念的力量、制度的力量联系在一起，与来自外部世界各种物质的、思想文化的冲击联系在一起"❶。无论是社会体制结构的转变，还是人们生活方式的转变，都有力地推动着人们思想观念的变革，人们的思想从传统走向现代，从重集体、轻个体走向重个体发展、强调个性解放，人们的价值观念朝多元化方向发展。人们多样化的文化价值取向对占据国家一元主导地位的马克思主义文化提出巨大挑战。尤其是西方国家利用全球化之机，凭借其强大的经济技术实力，将资本主义意识形态通过政治、经济、文化等各个领域强势向中国渗透，加之市场经济条件下一些庸俗文化的蔓延，使国家主导文化的影响力受到冲击，使一些人的思想观念受到严重的影响，以致人们思想中深层次问题不断地显露。虽然在主流思想上，大多数人仍然坚信马克思主义、坚信中国特色的社会主义，但也有各种各样的异质思想出现，如有些人否定改革开放，有些人对马克思主义、社会主义产生怀疑，有些人信仰淡化。有些人受资本主义腐朽思想的侵蚀和市场经济中庸俗文化的影响，在价值观念上出现严重偏差，如拜金主义、拜权主义、利己主义、享乐主义思想盛行，不仅扭曲了个人的价值观念，败坏了社会道德风尚，有的甚至是从坚定的马克思主义者沦为极端个人主义者和利己主义者，成为不折不扣的思想腐败分子。

在这一宏观社会背景下生活和成长起来的大学生，他们的思想观念和心理健康也受到很大的负面影响。主要表现在三个方面：一是对国家主流文化的认同弱化。有些学生失去了价值选择上的方向感，价值观念模糊不清，对主流文化疏离、对民族优秀文化传统漠视，民族自信心和自豪感有所减退，民族归属感淡化。二是文化价值取向低俗化。有些大学生认为人生的全部价值就是物欲的充分满足，认为利益就是价值的评价原则，有用即为价值的评价标准。在这一价值标准指导下，当代大学生在消费、恋爱、择业观等方面，都与中华民族优秀文化传统相去甚远，正在走向低俗化。三是自我意识强烈，个人行为自由

---

❶ 徐蓉. 现代性语境下的中国价值观建设［M］. 上海：复旦大学出版社，2014：4.

化。一些大学生通过玩世不恭、离经叛道、追求当下现实生活的放纵和快感等方式来彰显自我意识和叛逆精神。在追求个人的"潇洒脱俗""个性张扬"中，表现为生活上作风上的随意、随性，无视组织纪律，以及违反社会公序良俗等不文明、不道德行为，以至出现思想道德观念淡薄、个人行为自由化、生活行为失范等问题。

社会转型时期人们在各方面的思想观念都发生了巨大的变化，从总体上看呈现出思想观念的复杂性和价值取向的多元性，而且良莠不齐。大学生也是如此。这无形中使国家主导文化的影响力受到冲击，增加了水利特色院校文化育人的难度，影响水利特色院校文化育人的实效。

二、水文化资源的挖掘和运用不充分

为了能够真正地发挥水文化的育人作用，水利特色院校必须充分挖掘水文化资源，并将其融入大学生的日常学习和生活中，并将之转化为育人优势。中华传统文化中的水文化、中华现代文化中的水文化、中华民族文化中的水文化以及中华外来文化中的水文化都是水利特色院校可以利用的水文化资源，但从水文化育人的实效性来看，以理工科为主的水利特色院校在水文化育人工作存在一种普遍的现象，即对水文化资源的挖掘深度不够。比如，新时代水利精神作为水文化的重要组成部分，不仅对水利特色院校学生指出了为人的原则，更是为水利特色院校大学生树起了一面处事的旗帜，然而实际的水文化育人工作中，却有相当大一部分学生不了解新时代水利精神的内涵，这就容易导致在开展水文化育人工作、培养能力过程中出现"重理论轻实践"等现象。当前水利特色院校对水文化资源的挖掘需要进一步加强，从而使水文化全方位、多层次地融入到水文化育人工作中，以进一步增强水文化的吸引力。

三、水文化育人未形成协同效应

习近平总书记在全国高校思想政治工作会议中提出，"要使各类课程与思想政治理论课同向同行，形成协同效应"。在育人的过程中建立协同机制，可以更好地占领高校主流意识形态的阵地，实现思政课与各种校内外资源的协同，并且把这一思想融入到实际教育的全过程，从而达到三全育人的目的。但是，在实际开展水文化育人的过程中，由于未做到整合校内外资源，缺乏与政府、水利行业之间的协同，从而导致水文化育人的合力不足，实施主体的执行力匮乏，缺乏有针对性、高质量和操作性强的执行方案，受制于传统思维的影响，一些水利特色院校在水文化育人上还存在不同程度的问题，缺乏系统性的规划和设计，用统一的方法对待不同的学生，从而导致水文化育人目标只有高度，没有梯度，对于不同的学生，没有采取有针对性的方式和途径，同时也没有满足学生多元化和个性化的需求，使水文化育人不具备较高的时效性。政府的有关政策可以为水文化育人提供必需的保障；水利行业现成的场馆场地，如水情教育基地，为水文化育人提供直接的资源；企业实际工程项目，为水文化育人提供实践的平台，外部资源的整合能够扩大水文化育人的平台，因此，水利特色院校进行水文化育人需要充分利用校内外资源，形成协同效应。

四、水文化育人环境多元化的影响

面对当前经济全球化、各种思想相互碰撞和交融、互联网技术蓬勃发展的时代背景，学生的价值观受多元文化的影响，学生的思想状态发生了翻天覆地的变化，互联网技术的

发展给水利特色院校水文化育人工作带来了新的机遇，同时也给人们的生活和学习提供了极大的便利，同时也开拓了新的互动空间，但是不可避免地带来个人主义、消费主义等消极的价值取向，进而使得大学生的集体意识和责任感弱化。在实际开展水文化育人的过程中，有些水利特色院校为了培养学生的专业素质而忽视了校园水文化建设，无法通过水文化的育人功能来真正实现学生的全面发展。对水利特色院校开设水文化课程进行综合考察发现，由于水文化育人环境呈现出复杂化、不平衡性、多元性等特点，开展的水文化课程大多是选修课，上课时间较短；另外，许多水利特色院校在水文化课程设置和安排上，只是停留在"理论"层面上，重点是水文化知识的普及，在一定程度上没有将水文化上升为理想信念教育和人生观、价值观的引导，没有将水文化的内涵与学生素质教育和人文精神的培养结合起来。这些都需要我们从实际情况和学生的实际需求出发，探索适应新时代发展的新途径，推动水文化教育与社会主义核心价值观教育融通，使其成为水利特色院校德育工作的重要组成部分，促进师生共同提升水文化素养，培育健康积极向上的精神风貌和良好品质。

五、文化育人实践机制不完善

文化育人是一个理论问题，在本质上更是一个实践问题。它强调以文"化"人，重在"化"的过程。"化"的过程，既是育人"主体"的人运用一定文化载体影响人、教化人的实践过程，也是育人"客体"的人自主进行文化价值判断和选择的实践过程，实践是文化育人应有之义。

"人类任何一项实践活动都是关于对象的指向性活动"。[1] 文化育人是有目的实践活动，要在实践的过程中追求文化育人价值的实现。实施文化育人必须要重视实践过程。此外，任何教育，都离不开教育方法的正确运用。文化育人作为一项系统工程，是由既相互联系，又互相影响的各个要素"按照一定的结构、层次、规则和内部联系而形成的有机整体"，[2] 更要遵循文化育人的实践规律，讲究育人方法，建立切实可行的实践育人机制，最大限度地发挥文化育人工作的效能。

从整体上看，虽然近年来人们逐渐认识到文化育人的重要性并在文化育人实践中取得了一些成效，但受当前普遍存在的大学功利化和实用化办学行为的影响，大学更重视办学的硬指标建设，对那些需要长期建设、系统建设又很难在短期内见成效的工作，如教师价值引导力提升、促进学生自主发展、优化文化环境、构建要素协同育人体系等工作难免会受到冲击，建设系统而长效的实践机制的难度也更大。

当前水利特色院校文化育人的长效机制建设还比较薄弱，育人实践机制面临着严峻的挑战，如在教师综合素质提升方面，学校更多注重对教师进行技术层面的教学能力培养，而对教师的理想信念教育、核心价值观教育、文化自信培养、师德建设等并没有给予足够的重视或采取足够得力的举措，使教师仅停留在"教书匠"的水平，而并不是成为大学生人生的导师；在大学校园文化建设中，相比较而言，大学更多注重物质文化轻精神文化、注重现代文化轻传统文化、注重科学精神轻人文精神、注重教育理论研究轻教育实践研

---

❶ 郑卫丽. 大学文化育人工作的实践特征及本质 [J]. 人民论坛，2014 (14)：196-198.
❷ 李峰，王元彬. 高校文化育人工作的机制与载体研究 [J]. 当代教育与文化，2014 (3)：73-77.

究、注重单一文化活动的创新轻系统性长期性文化活动的开展等，使大学文化建设效果不佳，弱化文化育人功能；在大学生文化自信培养中，学校在以社会主义核心价值观为统领，挖掘中华优秀传统文化资源、创新传统文化教育载体、探索传统文化与思想政治教育融合路径等方面还不是很深入，缺少目的明确而系统化的设计，而且是理论宣讲得多实践中务实做得少。即便是在思想政治教育理论课教学中，也没有有效地融入传统文化，充分发挥传统文化的作用，使教育没有充实的内涵，苍白空洞，不能激发学生的兴趣，也很难得到学生的认同，这在很大程度上影响了大学生对中华传统文化的自信。

这些问题的存在，归根结底都是缺少文化育人工作的长效实践机制。文化育人具有建设周期长、涉及面广、见效慢的特点，需要经过长期的、全方位的努力才能收到实效。因此，水利特色院校要从战略高度去认识文化育人，认识实践的重要性，把文化育人的实践目标列入学校发展规划，加强顶层设计，完善文化育人实践机制，使文化育人成为大学实实在在的规范而有序的各方面工作实践，使大学文化在持之以恒的建设实践中不断升华，形成浓郁的校园文化氛围和向上的育人环境；使教育者在充分的育人激励和保障中养成时时育人、处处育人的行为习惯，包括在教育教学和管理服务各个工作环节的价值引导、价值渗透，乃至以身立教，通过自身高尚的人格和优秀的品质进行激励和感召；使大学生在日常学习生活实践中接受良好的文化行为养成教育，实现思想认同、行为规约和品格养成。

第四节　广东水利电力职业技术学院水文化育人的探索与实践

水文化教育是广东水利电力职业技术学院的特色教育。学院始终坚持立德树人，积极构建"上善若水，启智润心"的水文化育人理念，大力开展水文化育人改革实践，将水的"至善、博大、包容、谦恭、坚韧、齐心、务实、灵活、透明、公平、开拓"的优秀品质融入日常教学和生活，培养学生成长成才，引领学校发展。

一、基本情况

广东水利电力职业技术学院是一所行业特色鲜明的省属公办全日制高等职业院校。前身为创建于1952年的广州土木水利工程学校，1999年升格为高等职业院校。2018年12月学校由广东省水利厅划归广东省教育厅管理。学校现有广州天河、从化两个校区，设有水利工程学院、电力工程学院、经济管理学院、市政工程学院、土木工程学院、智能制造学院、自动化与信息技术学院、大数据与人工智能学院、建筑环境与设计学院、外语外贸学院、马克思主义学院、创新创业学院、国际教育学院、继续教育学院、公共课教学部等15个教学单位，占地面积约1500亩，图书218万册，教学、科研仪器设备总值达2.6亿元。现有全日制在校生1.9万余人，教职工700余人。

2012年10月，为贯彻落实广东省委、省政府关于建设文化强省的决策部署，积极推动水利职业教育改革发展，广东省首个专门研究水文化的机构——广东水文化研究推广中心、广东水文化教育培训基地在我校正式挂牌成立。该机构为推进广东水文化理论研究、成果交流、普及推广、人才培养等提供了必要的工作载体和重要的专业支撑。

二、水文化育人的主要内容

挖掘中华优秀水文化精髓，培育和践行社会主义核心价值观，对标新时代职业精神内在要求，秉承"厚德 笃学 慎思 泓技"校训精神，深化水文化育人的核心理念。

（一）培养学生高尚品德

水之德，几近于道。学院坚持立德树人的根本任务，着力开展"上善若水"的尚德教育，结合行业特色和办学实际，总结了"甘为滴水、势如江河、心向大海"的道德修养之路和"淡泊、进取、高远"的道德追求。充分发挥学校、家庭、社会三方作用，抓牢思政课程和课程思政教育主渠道，传统文化进校园、水文化艺术节等素质提升亮点品牌，利用文化广场、党团活动中心等素质教育场馆，健全大学生成长与发展跟踪评价制度，全方位、多角度推进德育教育，营造了富于独特若水韵味的尚德教育氛围。

（二）培养学生高超技能

水之智，与时俱进、滴水穿石。学院着力开展"智者乐水"的求知教育，培养学生"笃行苦练、日臻新境"的精神品质。近年来，学院持续改善办学条件，不断夯实专业教育基本功。深入推进产教融合、校企合作。改革课堂教学考核评价制度体系，注重学生养成教育；开展创新创业教育升级工程。1门创新创业教育课程被评为广东省高校就业创业示范课。实践体系持续深化丰富，设创客空间18个、众创空间1个、就业创业e站1个、创客协会活动中心1个、校外创新创业实践平台10个，创新创业活动年度覆盖面达100％。众创空间被评为广州市创新创业孵化示范基地，创新创业学院获"广东省普通高校毕业生就业创业工作典型经验集体"称号，学校被评为首批全国高职院校产教融合、创新创业"双百强"单位。

（三）培养学生奉献担当

水之心性，淡泊宁静，善利万物。学院着力开展"利物若水"的奉献教育。通过义务劳动、志愿活动、校企共育和榜样塑造四大途径，系统培育学生的奉献精神。组建多支志愿服务队伍，在学院安全保卫、新闻宣传和生活服务等多方面发挥积极作用；实施后勤资源改革，发动党团骨干义务劳动，推动劳动教育走向深入；成立青年志愿者联合会，定期开展关爱老人、关爱留守儿童等志愿服务活动，多次获广州市大中专学生志愿者暑期"三下乡"社会实践活动优秀单位称号。

（四）培养学生清正自律

水之品格，至清、至平。学院坚持把"清正如水"的廉洁教育贯穿始终。线上线下同步设立廉政专栏、专区，图文并茂集中宣传、解读党规党纪；建设信息公开网站，严格信息公开规定，设立书记、院长信箱，维护信息公开环境、畅通师生诉求反映渠道，营造公平、清正的校园环境；经常性开展多种形式的警示教育，坚持用身边事教育身边人，用"零距离"的典型案例教育师生知敬畏、存戒惧、守底线。

（五）培养学生博大胸怀

水之胸襟，开放、包容。学院着力开展"海纳百川"的包容教育。加强国际、地域和校际交流，开拓师生眼界、畅通交流渠道、增进相互理解，不断增强师生对不同国家、不同地区、不同学校、不同民族的认知和理解，在"请进来"和"走出去"的过程中，培养学生的开放心理和豁达性格。先后与美国杰克逊学院、澳大利亚霍姆斯格兰政府理工学院、英国哈德斯菲尔德大学、澳大利亚阳光海岸大学、美国贝佛学院、印尼 STEKOM 学校等 50 余所境外院校开展合作。成立广东省首家高职中外合作办学机构，开展合作办学专业 16 个，组织中外教师联合开发国际认可专业标准 7 个、课程标准 9 门、中外合编教材 10 本，累计招收国际学生 216 人。牵头成立华南"一带一路"职业教育水利电力联盟，建设坦桑尼亚鲁班工坊及坦桑尼亚大禹学院等 9 个境外办学机构。荣获"2015 年度广东省高等院校对外交流与合作先进集体"，2018—2020 年蝉联"亚太职业院校影响力 50强"，荣获 2022 中国—东盟教育交流周"品牌项目贡献奖"。

三、水文化育人的主要路径

（一）构建水文化育人三大体系

（1）建立水文化育人组织体系。学校建立了党委统一领导、党政齐抓共管、各部门协同配合的思政工作大格局。建立了以立德树人为核心，管理队伍、教师队伍、学工队伍全员参与，知识讲授、技能训练、素质养成全程覆盖，德智体美劳全方位发展的三全育人体系，并以此为依托，深入推进水文化育人。

（2）健全水文化育人制度体系。将水文化融入日常教育、管理、评优评先、师德师风培养等师生行为制度、规则和教职工入职、开学第一课等典仪规范，营造水文化制度育人浓厚氛围。

（3）构建水文化育人评价体系。结合水利类高职院校人才培养特点，将校内达成度评价和第三方认可度评价有机结合，共同构建主客观相结合的学生核心素养评价指标体系。通过对在校生和毕业生连续跟踪观测，综合了解水文化育人对学生素养的培育效果和对学生发展的持续影响。

（二）打造水文化育人三大队伍

（1）打造水文化育人管理队伍。推进党支部向基层延伸，打造教师党支部"双带头人"，实现管理、育人相统一。制度化组织管理人员进行理论学习，不断提高领导干部和管理队伍管理水平、能力素质。围绕水文化育人，编制岗位说明，把水文化育人功能发挥纳入管理岗位考核评价范围。

（2）打造水文化育人教师队伍。加强"润物无声，善能达才"的教风建设，鼓励教师承水之德，如水润万物一般，化育心灵、因材施教、立业立人；加强教学督导评价，规范教学行为，积极引导教师回归育人根本，争做"四有好老师"；大力实施学历提升计划、职称助推计划、职业生涯辅助计划等，提高教师整体能力和综合素质。

（3）打造水文化育人学工队伍。打造水文化育人学工队伍。以辅导员能力建设为着力点，通过学历提升、工作交流和能力大赛等多种途径，培育打造一支素质高、能力强、业务精、作风正的辅导员队伍。整合日常教育管理、专业素养培育和朋辈交流示范的育人作用，立体作用于学生的综合素质养成，带动学生学习生活习惯的改善和良好校园风气的形成。

（三）搭建水文化育人三大平台

（1）搭建水文化科研平台。学院发挥自身优势，积聚优质资源，建成水文化科研平台。成立广东水文化研究推广中心、广东水文化教育培训基地，组建了水文化研究与应用团队，参与《广东水文化建设方案》撰写、广东水文化建设骨干培训、《西江卷》结稿专家评审等工作；水文化相关的政研获奖论文 100 余篇；获广东水利系统年度优秀思想政治工作研究成果"一等奖"7 项，主持或参与水文化教科研项目（课题）17 项，公开发表水文化相关论文 4 篇，出版相关专著 2 部。

（2）搭建创新创业育人平台。建成大学生创业孵化园，园区内设置一站式服务平台、多功能路演厅、咖啡书屋、党支部活动室、创新创业教研室、模拟训练室、创客街等功能区域，形成科学的育人平台，满足创新创业教育各个阶段的需求。学院每年设置项目专项基金支持学生创新创业项目建设。截至 2023 年 5 月，新增入驻创业团队 13 家，新增注册企业 6 家。

（3）搭建社会实践平台。利用暑期、世界水日、中国水周等时间节点，开展水文化传播、日常性巡河护河等生态环保志愿活动，开展节水、护水、防汛知识宣传和水文化展演、水文化调研等实践活动。

（四）凸显水文化育人三大功能

（1）凸显浸润育人功能，打造水文化育人环境以"融入"的方式进行校园环境建设，形成独具特色的可视、可感、可循、可悟的水文化教育场域。

一是打造水文化育人办学文化环境。将水文化融入校训、校徽和发展战略，以水立心、以水明志，营造浓郁水文化环境，生动表达学院人才培养至善至上的价值追求和学无止境、传承开拓的育人理念。

二是打造水文化育人校园景观环境。学校积极营造水文化育人环境氛围，教学大楼、校园楼宇、道路以水文化元素命名，使校园成为水文化教育的一部鲜活"景观"教材，以物化方式彰显水文化育人思想，实现校园的山、水、园、林、路等使用功能、审美功能和教育功能的和谐统一。

三是完善水文化育人资源体系。编写了《水之美》《水之魂》《水之歌》《水之粤》等系列教材，开设水文化课程，让水文化教育实现显性化；建设水文化示范课，编印水文化育人典型案例，创建"广东水文化"专题网站；以广东水文化研究推广中心为依托，打造了"创新＋水文化平台体系"，形成了"粤港澳大湾区水利电力产教联盟""粤水大禹科技研发中心""粤水中小微企业服务中心"，开展水文化挖掘整理、教育推广和社会服务。通过一系列的以文化人活动，擦亮了以水文化为特色的"上善若水、启智润心"校园文化品牌。

（2）凸显教学育人功能，构建水文化育人课堂突出课堂教学育人功能，构建以水文化为载体的教学课堂、素质拓展课堂和社会实践课堂于一体的课堂体系。

一是构建水文化教学课堂体系。将水文化育人与职业精神培养融入人才培养方案，建立水文化教育教学师资团队，开设"水文化概论""工程水文化""水之魂""水之粤""水文化与治水文化""水文化社交礼仪""中国水利史"等课程。结合学校专业特色，融入行业文化，突出新时代水利精神，编制了校本活页式辅导教材、建立了由 8000 多个案例组成的专业特色案例库，实现了专业育人与文化育人同行同向。

二是构建水文化育人素质拓展课堂。强化学生的自主活动，丰富、拓展、补充、吸收水文化课堂教育内容和深化职业精神引导。定期举办集水文化教育、宣传、成就展示于一体的水文化艺术节、水文化知识讲座和水文化文艺节目展示等系列活动。建设"节水型"

校园，培养学生养成节水习惯，在培养学生日常良好生活习惯的同时，增强团队精神和自我约束能力。

三是构建水文化育人社会实践课堂。建立水文化教育推广实践基地，定期开展水文化遗产调查、水情普查、水利工程考察等系列活动。

（3）凸显体验育人功能。让学生暑期开展"寻找水文化遗产""普查水文化资源""宣传水文化精神"等社会实践活动，在培养职业精神的同时，实现理论知识与经济社会发展更加有效对接。

四、水文化育人的主要成效

（一）育人质量全面提高

通过水文化育人建设，学生养成了良好的行为习惯，实现了学风的根本好转。近年来学生志愿者注册率达 90％以上，学校连续 8 年获得"广州市义务献血先进单位"，学生积极参与智力扶贫、乡村振兴等志愿服务项目累计达 3000 余人次。学生累计获各类省部级以上奖项 300 余项，举办水文化演出共 58 场次，参与学生达 2 万多人次。初次就业率达97％，用人单位满意度提升了 6％，稳居 90％以上。近三年学生在各类竞赛中获国家级奖项 271 项、在全省职业院校学生专业技能大赛中获奖 268 项，技能竞赛专业覆盖率 100％。

（二）教师素质显著增强

"双师型"教师占比 88％以上。专任教师中副高以上职称、硕士以上学位教师 600 余人。我校教师队伍中，享受国务院政府特殊津贴专家 1 人，荣获"全国教书育人楷模"1人、"全国优秀教师"3 人、"万人计划"教学名师 1 人、"全国模范教师"1 人、"全国高校优秀思想政治理论课优秀教师"1 人、"全国水利职教名师"12 人；荣获省级教学名师3 人、省级"特支计划"教学名师 1 人、"南粤楷模"1 人、"南粤优秀教师"5 人、"南粤优秀教育工作者"3 人、"广东省技术能手"1 人、"广东省高等职业教育专业领军人才"5人、"省级高层次技能型兼职教师"36 人。荣获"国家级职业教育教师教学创新团队"1个，"省级教学团队"7 个，"省级技能大师工作室"4 个。1 人受聘全国师德师风建设专家委员会委员，1 人当选教育部高职高专思想政治理论课分教学指导委员会委员，3 人当选新一届行业职业教育教学指导委员会和职业院校教学（教育）指导委员会委员。

（三）办学水平全面提升

学校走内涵发展、特色发展办学之路，紧密对接广东省现代水利、电力等重点行业和智能制造、先进信息技术、现代服务等新兴产业，形成水利水电建筑工程、供用电技术等10 个专业群。目前招生专业 46 个，在建国家级高水平专业群 1 个，主持建成国家职业教育专业教学资源库 1 个，国家骨干高职院校重点建设专业 4 个、国家创新发展行动计划骨干专业 4 个，国家级现代学徒制试点专业 2 个，央财支持专业 2 个，全国优质水利专业 4个；省级高水平专业群 7 个，省一类品牌专业 6 个、二类品牌专业 8 个、省重点专业 3个。高本衔接试点专业 12 个、中外合作办学专业 14 个。获国家在线精品课程 1 门、教育部课程思政示范课程 1 门、国家级精品资源共享课程 2 门、国家级精品课程 3 门、省级精品在线开放课程 12 门、省级精品开放课程 22 门、省级精品课程 11 门；国家级规划教材4 本、水利行业规划教材共 29 本，荣获国家级教学成果奖 2 项，省（部）级教学成果奖

17 项。

（四）社会影响不断扩大

学校是国家"双高计划"建设单位、国家骨干高职院校、全国优质水利高职院校、全国水利职业教育示范院校、第四届全国文明单位，是广东省一流高职院校、广东省示范性高等职业院校。先后入选国家优质专科高等职业院校、教育部首批示范性职业教育集团（联盟）培育单位（副理事长单位）、教育部第三批现代学徒制试点单位、2022 高等职业教育院校治理体系典型院校 50 强、高职院校教师发展指数 100 所优秀院校、首批全国高职院校产教融合 100 强、2022 年职业教育国际合作与交流典型院校。荣获全国毕业生就业典型经验高校、广东省职业教育先进单位、广东省依法治校示范校、广东省节能型示范高校、广东省节水型高校、广东省绿色学校、广东省"五一劳动奖状"集体等荣誉称号，获评"第三批全国党建工作标杆院系培育单位"1 个、广东省"三型"党支部 2 个、全省党建工作样板支部 1 个。光明日报、中国教育报、人民网、光明网等主流媒体宣传报道学院工作，形成了良好的社会影响。

第四章

新时代水利特色院校育人与水文化

2021年10月26日，水利部印发《水利部关于加快推进水文化建设的指导意见》指出："要充分考虑水文化的特殊性，保护好中华优秀治水文化，激活水文化的生命力，把水文化中具有当代价值、世界意义的文化精髓提炼出来、展示出来、传承下去。"水利特色院校应结合自身特点，充分发挥水文化在育人工作中的引领作用，促进大学生的健康成长和全面发展，为社会主义文化强国建设培养一代又一代优秀水利人才。

第一节　水文化与水文化育人概述

厘清水文化与水文化育人的相关问题是开展水文化在水利特色院校的育人研究必须解决的理论前提和逻辑起点。

一、水文化

（一）水文化的内涵

水文化与文化是一脉相承的，为了更好地把握水文化的内涵，需要从文化开始探讨。文化的内涵十分丰富，但是却没有一个统一的定义，虽然表述方式不同，但主要的构成要素都是人类和时空。广义的文化指的是由人类社会产生并不断发展的产物，是人们进行所有社会生产实践活动的物质和精神力量；狭义的文化指的则是社会的意识形态，是主体通过审美和创造美来表现客体美的一种方式，广义文化与狭义文化相互补充，相互促进，共同构成文化的主体部分。根据不同的层次来划分文化，可分为物质形态类和意识形态类文化；根据不同的地域来划分，可以分为中国文化和外国文化；按照不同的范围来划分文化，可以分为企业文化、宗教文化等。水文化在文化的基础上又多了一种"水"的维度，李宗新认为，水文化是人类在与水打交道的社会实践活动中所获得的物质财富、精神财富、生产能力的总和。[1] 水文化对我们的生存和社会进步都至关重要，也有广义水文化和狭义水文化，广义的水文化是指以水为载体的，包括与水相关的各种物质和精神财富，与人类生产生活息息相关，水文化遗产、水利文化等都包含在其中。从狭义上来讲，水文化主要指的是以江河湖海为载体，在人们长期管理、利用、治理水的过程中形成的独特而有序的社会意识，如与水密切相关的思想意识、价值观念等。总的来说，水文化指人类在生

---

[1] 李宗新. 再论水文化的深刻内涵 [J]. 水利发展研究，2009，9（7）：71-73.

产、生活活动中创造的与水密不可分的各种制度、物质、精神和行为的总称。而本书所研究的水文化是带有新时代特征的广义水文化，它不仅包括水文化的精神层面，如各种优秀治水精神，还包括各种以水为载体的水文化的物质层面，如水文化遗产等。

（二）水文化的特征

第一，内容的广泛性。水触及人们生活的方方面面，社会生活中也随处可见水的痕迹，正是因为水文化的存在，促使了很多文明的发展，在物质和精神上都产生了深远的影响。水文化是一个庞大的文化体系，是具有广泛而深刻的民族文化财富。如早期集中在大禹治水故事中的人类治水活动，是人们对生存环境和自然灾害认识上的提升，这促进了水文化基本理论和价值的发展，进而深刻影响着民族文化、民族精神，例如儒家从大禹治水中得到启发，从中汲取了宝贵的经验和精神营养，并将其发展成了"积极入世"和"修身、齐家、治国、平天下"的价值观；道家以大禹治水的精神为榜样，提出了"德行天下"价值观。

第二，方向的前进性。水文化是一种带有时代烙印的历史文化积淀，是在人类长期生产活动中形成并不断发展起来的宝贵精神财富和物质财富。在内容上有其鲜明特征：首先，它具有浓郁的地域性、民族性和多元性；其次，它具有科学性和普及性；最后，在发展方向上具有继承和创新相统一的特点，符合时代要求，体现了与时俱进的特点。

第三，发展的创新性。水文化发展的本质在于传承和创新，在传承中不断提升，在创新中不断完善，是水文化发展的基本方向和内生动力。水文化的不断创新为水利特色院校文化建设带来了更多的机遇，为水利特色院校文化育人工作的创新提供了新的资源保障和思路选择。

二、水文化育人的内涵

目前还没有关于水文化育人内涵的明确定论，我们从文化育人的内涵入手来理解水文化育人的内涵。

首先，水文化是水文化育人的重要内容和载体。水利特色院校作为培养水利人才的高等学府，应当清楚地认识到水利特色院校与水文化育人的关系，其根本任务就是传承水文化、创新水文化，通过水文化来培养合格的水利人。水利特色院校应该把水文化育人工作作为一项重要的工作来抓，将其丰富的内容和核心理念有机融入育人的全过程、各方面，充实水文化育人的内容。同时，水利特色院校要主动将水文化融入学校人才培养方案，在教学、科研和管理中渗透水文化内容，加强对优秀水文化的挖掘与整合，结合学校实际积极探索建立多层次、多形式的水文化育人体系，营造适应学生健康成长的水文化育人氛围。

其次，潜移默"化"是水文化育人的基本方法和手段。要坚持古为今用、推陈出新，有鉴别地加以对待，有扬弃地予以继承，努力用中华民族创造的一切精神财富来以文化人、以文育人。文化育人中的"化"字指的是育人的基本手段和方法，同样，水文化育人的基本方法也是"化"人于无形，注重将水文化蕴含的精神等渗透到育人的各个环节之中，引导受教育者在自身学习和工作中接受水文化所蕴含的价值理念，并将水文化理论转化为行动举止，这种育人方式具有很强的感染力，能够充分发挥水文化对教育者的积极引导作用，促进受教育者身心素质的全面提升，从而产生深远持久的影响。

最后，水利特色院校大学生是水文化育人的主要对象。水文化育人的对象主要包含三个层次，即水利特色院校的师生、在职的水利人以及社会公众。教师作为传播者在水文化育人中发挥着重要作用，他们既是水文化知识的宣讲员也是引导者，其专业素养决定了他们能准确把握水文化内涵和价值取向；学生作为未来水利事业建设与管理的骨干力量，他们不仅是传承和弘扬水文化的主体，更应当成为水文化育人的主要对象；在职的水利人是我国水文化育人的先行者，他们有责任和义务将水文化融入自身工作实践之中，并积极参与到水利事业改革创新中去；而社会公众则是我国水利事业健康稳定发展的直接受益者，他们的思想观念、心态方式等都将影响水文化的发展走向。本书主要探讨水利特色院校如何能动地运用各种手段进一步提升学生水文化意识，培养水利特色院校大学生全面发展，成长为合格的水利人才，因此，本书的研究主旨，是把水利特色院校大学生当作水文化育人的主要对象。水利特色院校是培养创新型人才的基地，肩负着培养新时代水利人的历史使命，同时还担负着服务经济社会发展的现代水利功能，水文化育人应该成为开展德育工作必不可少的重要环节。

综上所述，本书所讲的水文化育人是将水文化置于水利特色院校这一特定的空间内，以水文化为载体和内容，将水利特色院校学生作为主要对象，致力于运用水文化的独特力量，采用更易为学生所接受的方式，潜移默化地教育引导学生学习水的包容奉献、感恩清廉、坚持不懈，以培养具有良好道德品质和全面综合素质人才为目标的育人实践。

三、水文化运用于水利特色院校育人的时代价值

（一）有利于思想政治教育工作创新

通过以文化人、文化感染等方法转变人的观念，加强人们思想道德素养有水文化育人的特点，而思想政治教育要求找准工作学习中的切入点，注重结合实际捕捉闪光点，及时融入学习、生活和实践，激发自觉进行比较思考，从而达到增强思想觉悟的目的。因此，以水文化为切入点进行思想政治教育，在其中融入群力治水的团结协作精神、主动创造历史的主人翁精神、科学精神与人文精神的融合等，有利于为思想政治教育工作提供了一个全新的视角，能够有效拓宽工作思路，充实工作内容，形式新颖且具有历史厚重感，从而使大学生在主动融入思想政治教育工作的过程中潜移默化地接受水文化的感化、引导和启迪。

（二）有利于为学生提供价值观引领

水文化育人有利于将优秀水文化资源中的乡土情怀、民族精神、文化内涵、精神品格等传递给当代大学生，帮助大学生正确认识个人价值和集体价值之间的关系，帮助大学生提升思想政治水平，潜移默化地影响大学生做人准则和处事方式，从而达到塑造完美的人格的目的。通过水利特色院校开展的水文化育人工作，有利于为水利特色院校学生提供价值观引领，培养具有水文化精神特质的、身心健康和德智体美劳全面发展的水利建设复合型人才。

（三）有利于提升校园文化特色

校园文化的主要目的是实现文化育人，是一种充满能量的环境力量。校园文化建设以营造良好的学习氛围、陶冶学生的文化情感、提高学生的品德修养为主要目标，对培养有温度和深度且身心健康的大学生有着重要而深远的影响。真善美是水文化的价值取向，具

有化人之思想，益人之心灵的特点，体现了一种相对稳定的文化取向和与时俱进的价值追求。通过水文化育人，不仅能够凸显学校的水文化特征，还可以继承和发扬水文化，从而形成独特的学校水文化价值体系，营造充满水文化活力的校园文化氛围。

（四）水利特色院校水文化育人的总体概况

通过对全国水利特色院校水文化育人项目梳理发现：在水利特色院校以水文化为切入点进行育人工作具有广阔的前景，集中体现在水文化的课堂教学育人、实践活动育人、校园环境育人、科学研究育人等方面。

1. 水文化课堂教学育人

第一，开展水文化相关课程教学。浙江水利水电学院开设"浙江特色水教育"课程，以培养学生的亲水爱水意识、提升学生水文化素质。华北水利水电大学依托学校鲜明的水文化特色，积极开设了水文化的相关课程，例如，开设"中华水文化"公共选修课，通过理论教学和课外教学环节相结合的方式，将水文化渗透到育人过程中，从而提高他们的人文素养，使同学们能够自觉地以人水和谐的理念来处理人与水的关系。河海大学开设的水文化教育课程有"水文化概论""水资源与环境"等。广东水利电力职业技术学院开设"水文化与治水文化""水文化社交礼仪""水生态与水文化""中国水利史"等选修课程，让学生亲近水、学习水、感悟水。贵州水利水电职业技术学院依托思政课、"水文化教育""生态文明教育"等公共课和专业课，对水文化知识讲解实行全覆盖，让学生掌握水文化的基本结构、功能和属性。

第二，自编水文化教材。华北水利水电大学由毕雪燕等主编的《中华水文化》教材全面阐述了水与中华文化的关系，帮助大学生从水的角度理解文化内涵，传播正能量。南昌工程学院的教师们通过总结学校水文化育人的实践经验，编写用于必修课教学的《大学生水文化教育》教材。

2. 水文化实践活动育人

第一，开展水文化校园实践活动。河南水利与环境职业学院组织水文化艺术节活动，开展水文化知识竞赛、水文化书画作品展、"水之韵"诗歌朗诵比赛等，并定期邀请校外水文化专家、学者来校讲学，提升了学校以水育人、以文化育人的特色。湖北水利水电职业技术学院举办"大禹杯"红歌会、"水之韵"主题文艺演出。辽宁生态工程职业学院开展"魅力辽水""大禹杯"水知识竞赛，"世界水日""中国水周"主题教育活动，中国水情、水法规、水资源保护等水知识竞赛活动，开展"弘扬传统文化，致敬大禹精神"中华经典晨读，开展向"时代楷模"、水利人余元君学习活动，培养学生的江海情怀。黄河水利职业技术学院开展"水之梦"系列大讲堂，通过优秀校友和学生骨干等亲身讲授分享水文化，另外学校设计创作了"小水滴"团属卡通人物形象，并以"小水滴"为主要人物，拍摄"小水滴讲水院故事""小水滴讲黄河故事"系列视频，进一步扩大了水文化的影响力，引导学生学习水文化内涵，践行水利精神。

第二，组织水文化社会实践活动。广东水利电力职业技术学院组建社会实践团队开展"寻美东江"暑期活动，调研东江沿岸的水利行政部门以及电站、水库、水利工程等，全方位记录水文化探寻过程，让师生充分感受水利精神。贵州水利水电职业技术学院每年定期开展"三下乡"活动，面向社会大力宣传保障饮水安全、节水护水知识，传承水精神。

湖北水利水电职业技术学院成立"爱我千湖"志愿服务队，紧密围绕水文化弘扬、水资源保护、生态文明建设等重点，精心挑选主题，构建常态化的弘扬水文化社会实践活动。辽宁生态工程职业学院开展"寻美家乡河——辽河"暑期社会实践活动，组织志愿者开展"行走母亲河"系列志愿者活动。三峡大学水利与环境学院连续多年与中华鲟研究所共同组织放流中华鲟活动，并且组织一系列关于中华鲟的知识竞赛、科普讲座、课外参观等活动。

3. 水文化校园环境育人

第一，在校园风景建设方面。华北水利水电大学龙子湖校区南门进门的正前方立是"情系水利，自强不息"的石头景观，打造"龙湾湖"和"三峡大坝岩芯广场"水文化景观；图书馆和教学楼都体现了水的特点和水文化底蕴，水的柔美与灵动通过蓝白相间的建筑风格展现得淋漓尽致。云南水利水电职业学院以校园中部水景观为纽带布置重力坝、土石坝、水文测站、提水泵站、水文化广场、电站厂房、堤防治理、护坡等。杨凌职业技术学院规划"水路标""水楼宇""水教室"等水文化工程，校园雕塑以秦水文化为特色，安置了"水雕塑""水石碑"等，校园影视以节水为主题，安置水文化LED宣传屏，以水文化为主线，传播社会主义核心价值观。

第二，在校园建筑内饰环境方面。华北水利水电大学建造了集中展示水利发展史、水利科技、水文化、水生态文明等内容的"水文化陈列馆"，积极弘扬水文化，传播水文明。贵州水利水电职业技术学院建有专业培训和文化教育为一体的水利工程综合实训中心（大禹馆），使师生在传学专业技能的同时，增强对专业内涵的了解，加深对工程水文化的认同感。河南水利与环境职业学院在图书馆悬挂《中国水系图》《河南省水利图》，在教学楼悬挂历史水利事迹绘画，如"大禹治水""都江堰的兴建"，在学生生活区设计"水文化长廊"和"水文化墙"。四川水利职业技术学院建设水文化长廊和工匠文化长廊，线雕作品图文并茂，生动阐释了水文化的丰富内涵。

第三，在水文化基地建设方面。辽宁生态工程职业学院将水文化教育基地——水文化展厅建设成为水知识、水文化、水生态教育基地，通过对展厅的参观，使学生了解我国水资源状况、学习水利用的主要方式。福建水利电力职业技术学院秉持治水理念与专业优势，打造了"大禹文化基地""生态振兴基地"等，打造水文化与教育深度融合新高地。

4. 水文化科学研究育人

第一，建立水文化科研基地。河海大学通过成立水文化研究所，为水文化研究、水文化宣传作出积极贡献。华北水利水电大学依托黄河流域特殊的地理位置和水文化专业的师资力量成立水文化研究中心，积极向全体师生宣传展示水文化知识、水文化人物、水文化故事和水文化遗产，提升大学生的水文化意识。广东水利电力职业技术学院以水文化研究中心为依托，整理挖掘中国和岭南传统水文化遗产，开展水文化学术交流，形成以"大禹治水"为核心的水文化价值，为水利事业发展提供文化支撑。

第二，申报水文化研究项目。华北水利水电大学先后申报"中国水文化发展前沿问题研究""中原水文化资源开发利用与数据库建设"等优秀研究项目30余项。浙江水利水电学院申报完成《浙江水文化》《浙江水文化建设对策研究》等多项研究课题。广东水利电力职业技术学院主持或参与的水文化和教科研项目17项，为学校水文化建设提供了理论支撑。湖北水利水电职业技术学院先后申报"弘扬水文化实践育人机制探析""弘扬水文化，践行社会主义核心价值观""水利行业高职院校水文化实践育人机制研究"等研究项目。

<h2 style="text-align:center">第二节 水利特色院校水文化育人
核心内容体系的构建</h2>

水利特色院校的水文化育人的核心是"育人"，其采用的文化育人方式则是以水的本体特性为对象或将其品质具象化育人，通过显性方式以"形"育人和隐性方式以"神"育人，实现"以水育人，以文化人"。

一、坚定以水育人、以文化人目标

结合当前水利特色院校水文化建设的现状以及水文化育人的内涵和特征，确定水文化育人内容体系构建的目标。一是将水文化深化、内化，使水文化真正成为水利特色院校师生共同的价值观念及行为指导，增强其作为维系水利特色院校的精神力量，把学生培育成为具有"忠诚、干净、担当，科学、求实、创新"的水利行业精神和水文化精神的社会主义合格建设者和可靠接班人。二是充分发挥水文化育人内容体系的引领和辐射作用，把水文化与企业文化、行业文化、区域文化相融合，凸显学校水文化办学特色，着力把水利特色院校建设成为具有影响力的水文化社会传播、教育及推广基地。

二、遵循以人为本、多元融合原则

水文化育人模式的构建需要根据一定的观点、思想，从方法、内容、形式上明确应坚持的准则与规范，主要包括以下五方面的内容：

一是神形兼具，外显内化。"神"指社会主义核心价值观、中华优秀传统水文化和思想政治教育这三方面，"形"是"神"的载体及形式。将三者贯穿于水利特色院校水文化育人核心内容体系构建的全过程，从顶层设计到构建水文化育人内容基本框架，从环境水文化建设到 VI 视觉识别系统规范设置，从人才培养方案制定到课程建设、实习实训开展、文化活动展示等深入细化，实现内外融合。

二是理实融合，合力共鸣。"理"是指深入开展水文化理论研究并形成丰富的研究成果。"实"是指按照实践—认识—再实践的认知路径和现代职业教育的基本规律，指导学生将职业技能和职业精神高度融合的教育实践。理实结合，充分发挥水文化对学生的塑造作用。

三是内外兼顾，景境交融。"内"是指精神水文化环境育人，"外"是指物质水文化环境育人。要遵循以人为本、内外兼顾的水文化环境建设理念，着力打造具有以形载神、情景交融的物质水环境和以神育人、理念相融的精神水环境，用水文化的景境和意境，实现环境育人。

四是多维一体，收放自如。多维一体指水文化育人构建要在环境、课程、教学实施和组织保障方面一体化推进，四者缺一不可。收放自如指对整个水文化育人核心内容构建的掌控和驾驭能力，在"放"而又"收"中体现管理者的统筹性、原则性、灵活性。

五是新传融合，与时俱进。指新媒体与传统媒体的融合，共同形成立体化的宣传平台。传统媒体发展历史悠久，在内涵的深度、广度、信度方面仍具有突出优势。只有将新媒体和传统媒体有机融合，形成交互促进的局面，才能实现更大的宣传活力。

三、构建水文化育人体系

基于"以人为本"和人的全面发展理念，在总结水利特色院校水文化育人经验，遵循中国传统水文化中"以水为师"的教育思想、马克思主义文化思想等的前提下，在借鉴CI理论、冰山模型和洋葱模型的基础上，构建水文化育人的核心内容体系。

（一）水环境育人

马克思曾论述人与环境的关系：人创造环境，同样环境也塑造人。环境作为育人的隐形课堂，对学生树立正确人生观、养成高尚道德品质发挥着重要作用。因此，水利特色院校应该在社会主义核心价值观和中华优秀传统水文化的引领下，将水文化育人幻化于校园环境和师生心境中，通过水精神环境育人、水校园环境育人，构建起水环境育人内容体系。水环境育人体系由水精神环境育人体系和水校园环境育人体系两部分组成。

《列子·黄帝》有云："心凝形释"，意指"精神凝聚，形体散释"。"凝"在此处为引申之义，即思想、精神层面的凝聚之意。因此，将水文化内涵凝聚到学校精神理念内容中，构建水精神理念育人内容体系。水精神育人内容体系主要包括水办学理念、水校训、水校徽和水三风等内容，四者之间相互联系、相互促进。其中，水办学理念就是水利特色院校融入水文化内涵形成的办学方向、办学目标、办学思路和办学特色的总称。水校训是水利特色院校全体师生共同遵守的、融入水文化内涵并凝练文字而成的基本行为准则与道德规范。水校徽是根据水利特色院校独有的办学宗旨、理念、特色和文化积淀，通过构思和设计，形成的具有水文化内涵的视觉图形。水三风是融入水文化内涵的校风、教风和学风。

《国语·晋语九》记载："鼋鼍鱼鳖，莫不能化，唯人不能"，"化"为"变化"之义。《说文新附》中提到，"境，疆也"。对学校而言，"境"是指校园环境。水利特色院校可以将水文化内涵潜移默化于校园环境中的方方面面，通过校园环境育人，构建起"人水和谐"的水校园环境育人内容体系。水校园环境育人内容体系主要包括：水文化内涵呈现于校园整体规划设计、生态文明校园建设、校园自然及人文景观打造和校园文化标识设计。其中，水校园整体规划属于理论范畴，是水校园环境育人体系的核心，是整个水校园环境的顶层设计，体现了整个校园环境构建的设计理念，统领和指导着生态文明校园建设、自然景观打造、人文景观打造和校园文化标识设立。而生态文明校园建设、自然景观打造、人文景观打造和校园文化标识设立则属于实践范畴，是依据水校园整体规划开展的实施内容，是水校园整体规划实施效果在不同方面的真实写照，同时，也能通过实施的效果反馈不断优化和完善水校园整体规划，让水校园环境变得更加和谐，让水校园环境发挥更大的育人作用。

（二）水课堂育人

《说文·水部》中提到，"润，水曰润下"，意指雨水可以滋润万物。将水文化内涵浸润到集萃代表文化精华的第一课堂的课程中，通过思政课堂育人、文化素质课堂育人、专业课堂育人和双创课堂育人，构建水课堂育人内容体系。围绕职业综合能力和专项能力的培养，充分体现理论、实践和素质三者并重。

一是将水文化育人与思政课程结合起来，传承优秀传统文化，用水文化熏陶和影响大学生，以科学的理论武装大学生、塑造大学生，实现水文化"思政育人"。二是将水文化作为课程教学资源运用到文化素质课程建设中，让学生熟知水利行业精神，树立人水和谐观念，自觉保护、传承和发展水文化。同时，挖掘水文化的育人内涵并将其融入其他文化素质课程中，加强学生文化素质、心理素质、身体素质，最终实现水文化素质课堂育人。三是充分结合水利特色院校专业特点，在专业课堂中融入新时代水利精神，把提高学生职业技能和培养职业精神高度融合，重点培养敬业守信、精益求精、勤勉尽责的专业精神、职业精神和工匠精神，引导学生牢固树立立足岗位、增强本领、服务群众的职业理想，增强学生对职业理念、责任和使命的理解，增强职业荣誉感，养成良好的职业态度和操守。四是充分发挥职业教育实践资源优势，在水文化实践课堂育人内容体系中，通过特色文化活动、校园文化活动、社会服务活动、创新创业实践活动，培养学生具有"东流入海、滴水穿石的坚韧精神"和"覆天载地、海纳百川的包容精神"，以及良好的精神品格，实现德才兼备的育人目标。

（三）水"戏"行育人

《汉书·西域传赞》中提到，"作《巴俞》都卢、海中《砀极》、曼衍鱼龙、角抵之戏以观视之"。其中将"戏"界定为歌舞、戏剧等形式的表演行为。歌舞、戏剧等形式的"戏"实际上就是由演员扮演角色，在舞台上表演故事情节来表现生活的综合艺术，它最接近于人类生活本源的面貌，最容易激发起人们对生活的联想，也最能够为人所理解和接受。"戏"作为一种独特的教育方式，能够以直观有效的途径使人产生感同身受的直接体验，从而对人的思想施加道德、审美等多方面的影响，发挥积极的教育作用。

水利特色院校育人通过寻找挖掘水文化，将反映职业精神的、鲜活的、生动的经典载体作为学生体验教育的媒介。水利特色院校水文化"戏"行育人，即以中华优秀传统水文化中的典型的、鲜活的文化遗产为载体和媒介，创编展播能刻画育人精神的水文化歌舞、戏剧等，通过对水文化剧目的认知、临摹、表演、展示等教学过程，对学生产生体验和感悟教育效果，实现对学生职业精神的培育。而水利特色院校作为文化传承的集中地之一，开展水文化"戏"行育人应该结合自身地域文化特色，选择符合高等教育特点和学校自身特色的关于水文化遗产题材的剧目，如创编展播以地域水文化为题材的歌舞，戏剧类沉浸式、体验式实践活动，打造水文化培育学生职业精神的大剧作。

第三节 水利特色院校水文化育人创新的路径

"理论的方案需要通过实践经验的大量积累才臻于完善。"[1] "正确的理论必须结合具体情况并根据现存条件加以阐明和发挥。"[2] 马克思的这些论述，说明了实践对于丰富理论以及证实理论的重要性，为水利特色院校水文化育人创新的路径提供了理论依据。只有

❶ 马克思，恩格斯. 马克思恩格斯全集：第 23 卷［M］. 北京：人民出版社，1972：417.
❷ 马克思，恩格斯. 马克思恩格斯全集：第 27 卷［M］. 北京：人民出版社，1972：433.

根据育人范畴中各项客观实际情形的变化，借鉴传统育人途径，不断对育人实践推陈出新，才能获得应有的成效。

一、以立德树人为根本，强化水文化育人理念

大学是以立德树人为根本使命、具有文化传承和创新功能的特定社会组织。水利特色院校必须紧跟国家相关要求，结合本校实际情况，通过加强顶层设计及相关制度的建设，以制度的形式更好地去推进水文化育人工作开展，充分利用水文化的深厚的历史背景和时代内涵，将水文化融入人才培养方案中。加强顶层设计及相关制度的建设，以制度的形式更好地去推进水文化育人工作开展，将水文化深入学生心中，并有意识地转换为行为准则，把他们培养成为社会进步的合格主力军和接班人。

（一）加强水文化育人顶层设计

一是党委统筹领导。学校党委应当把水文化育人工作摆在突出地位，结合学校办学特色，在学校整体规划中纳入水文化育人的内容，制定水文化育人的阶段性建设目标，进而引导学校水文化育人工作。要结合学校的实际情况，把水文化作为学校文化育人专项发展计划中的重要内容。通过制定切实可行的制度，将水文化育人的内容和要求纳入学校的人才培养方案中，规范相关工作。

二是完善部门联动机制。水文化育人工作不是学校一个部门或者几个部门的事情，而是涉及学校部门工作的各方面，要通过物质保障、制度保障等各方面给予相应的重视和支持，特别是健全人员方面的保障机制，提供必要的运行条件和基础保障，确保各个部门之间的密切配合和协同推进。水利特色院校各部门要联合起来，明确自己在水文化育人工作中的职责，齐抓共管，党委宣传部、学生工作部、各二级学院等部门要加强水文化育人的谋划和落实，坚持各司其职、各负其责，协调配合，相互补充，形成"上下联动、纵横交织"的工作格局，将水文化育人贯穿于学校工作的各方面、全过程，使之成为教师、学生共同认可、共同参与、共同践行的一种新型的水文化育人模式，以切实发挥好水文化的育人实效。

（二）健全水文化育人制度体系

一是构建切实可行的水文化育人实效考核评价机制。把水文化育人工作作为学校工作考核的重要指标，是提升学校水文化育人工作水平、提升大学生水文化素养的基础性工程。以三全育人为导向，以水文化育人工作为重点，坚持实事求是的原则，进一步细化并明确学校各职能部门的主体责任。主要评价指标包括：水文化学校课堂教学状况、水文化社会实践活动效果等，制定一套切实可行的考核标准，可以采取教师评、学生评、主管部门评、专家评的综合评价方式进行。

二是建立完善的水文化育人评价反馈和激励机制。评价结果的反馈和激励是水文化育人不可缺少的环节。水利特色院校可以通过建立评价反馈档案，每个月统计评价结果，通过评价结果的反馈，能够帮助教育者及时发现水文化育人过程中存在哪些不足，并通过小组讨论进行认真提出有针对性的调整方案或者解决方案；还可以定期总结水文化育人的实践经验，将精神奖励和物质奖励结合起来，表彰在水文化育人方面的先进集体和用行动去演绎水文化内涵的典型个人，充分调动教师开展水文化育人的积极性和主动性，这对于改进和优化水文化育人质量具有重要作用。

二、紧扣时代发展大局，丰富水文化育人内容

水利特色院校要紧跟国家和时代发展大局，立足自身发展特色，从文化建设的视角来认识办学理念、办学定位和建设目标，深刻理解水利人才培养在社会主义现代化事业中的重要地位和作用，深刻认识黄河文化、新时代水利精神内涵实质，并充分利用地方水文化资源，不断充实水文化育人的内容，在融入国家发展大局的过程中，进一步推进育人体系的探索和完善。

（一）深入挖掘黄河文化的精神内涵

在黄河流域生态保护和高质量发展座谈会上，习近平总书记强调，黄河文化是中华文明的重要组成部分，是中华民族的根和魂。要深入挖掘黄河文化蕴含的时代价值，讲好"黄河故事"，延续历史脉络，增强文化自觉和精神动力❶。水利特色院校是培养优秀水利人才的摇篮，也是服务国家战略和地方经济发展的重要平台。水利特色院校在开展水文化育人工作时，要将黄河文化有机融入其中，使其成为促进水文化育人的重要载体，通过丰富多彩的活动内容、鲜明突出的主题形式以及独具特色的传播手段等措施，让学生感受到黄河文化的源远流长和独特魅力，进而提升其爱国情怀、民族自豪感。将黄河文化与水利特色院校文化育人工作相结合，既可以更好地弘扬我国悠久历史上积淀下来的宝贵遗产，又能够激励广大师生在学习中继承和发展黄河文化、增强民族自豪感，对于推动黄河流域文化建设和水利特色院校水文化育人具有积极意义。因此，深入挖掘黄河文化的精神内涵是水利特色院校开展水文化育人工作的重要内容之一，更是各水利特色院校实现德育创新、提升育人质量的必由之路。

一是课堂教学和实践活动联动，协同发力。相关学者要深入细致地研究黄河文化发展期、兴盛期和历史特点等，探索黄河文化的育人功能。通过水文化课堂教学，结合学校的办学特色和专业特色，为学生讲授黄河文化背后的感人事迹，实现专业知识与黄河文化的有机融合；通过水文化社会实践，帮助学生加深对黄河文化的认识和理解，提高学生对黄河文化发展进程的整体性把握能力，培养学生节水、护水的意识以及继承和弘扬黄河文化的兴趣和热情。二是打通线上线下，提振黄河文化的传播度和渗透率。在新媒体时代背景下，网络具有良好的信息传播作用，可以增强传播黄河文化的方式，营造一个有利于黄河文化育人的良好氛围。例如，学生会组织通过组织线上黄河文化艺术节，以及举办多场系统学习研讨黄河文化的专家论坛，展现利用黄河文化开展水文化育人工作的多种方式；在学校的官方微信公众号、微博、抖音平台可以通过黄河文化宣传专栏为师生推送黄河文化相关的图文和视频资料。

（二）巧用地方水文化资源

地方水文化是中华优秀水文化的重要组成部分，它是生活在某一地域的人们在长期与水相处的过程中积淀而成的，蕴含着地方独特的人文精神。因此，水利特色院校在进行水文化育人时，要巧用地方水文化资源。

一是分类整理、整合优化零散的地方水文化资源。运用多种方式和途径，盘活各类符合时代发展潮流的水文化资源，使其中蕴含的精神品质和水利特色院校育人工作相互融

---

❶ 习近平. 在黄河流域生态保护和高质量发展座谈会上的讲话［J］. 中国水利，2019（20）：1-3.

合。如华北水利水电大学、黄河水利职业技术学院、河南水利与环境职业学院三所坐落在河南的水利特色院校在开展水文化育人工作时要整合优化河南独特的水文化，通过调研、梳理把在河南境内各类涉水的神话传说、哲学思想、水利工程、文学艺术等都有计划地整理出来，如：红旗渠、南水北调中线工程、三门峡水利工程……以便进一步丰富和完善水文化育人的内容。

二是在教学内容和教学方式上寻找地方水文化与育人工作的契合点。水利特色院校在开展水文化育人工作中，要紧紧围绕着理论与实践相联系、内容和形式相统一的指导原则，利用富有地方特点的水文化资源制定翔实的育人规划，以实现育人工作内容与本地水文化素材之间的相互匹配和融合，让学生理性全面客观地去看待各个历史时期的水文化内涵，在实践中获得由水文化带来的深刻启迪。以"自力更生，艰苦创业，团结协作，无私奉献"的红旗渠精神为例，它为思想政治教育提供了鲜活的育人素材。水利特色院校在开展水文化育人工作时可以通过开展与红旗渠精神相关的经典文学诵读活动、组建红旗渠精神社团等形式讲好红旗渠背后的故事；可以通过开展多学科立体式红旗渠精神主题教学增强红旗渠精神的吸引力。

（三）注入新时代水利精神

新时代水利精神不仅是五千年的文化传承，更是新时代的文化创新；既是传统行业水文化的传承又融入了新时代治水矛盾和治水思路。水利特色院校作为培养合格水利人的学校，其人才培养目标与新时代水利精神的内容相契合，忠诚蕴含着信仰和奉献，干净蕴含着廉洁和自律，担当蕴含着责任义务的相统一；科学强调了真理和探索，务实强调了真抓实干，创新强调了敢为人先、锐意进取。水利特色院校对学生的教育和培养要采用科学合理的方法原则，培养忠诚廉洁、勇于担当和创新的时代新人。因此，水利特色院校要将立德树人与新时代水利精神融合在一起，运用物质载体和网络载体，拓宽新时代水利精神传播的深度和广度，创造大学生喜闻乐见的学习形式，使其成为大学生共同的价值观念和精神追求。

一是要牢牢把握校园活动这一物质载体不放松。可以通过组织志愿者活动，利用假期或者寒暑假时间到基层，进社区去进行水利知识宣讲，河流湖泊污染的治理和预防，发挥学生的积极性和主动性；可以组织学习先进水利典型事迹，通过手抄报、演讲比赛和征文等形式，组织学生学习他们身上优秀的精神品质。二是通过新媒体这一网络载体实现教育主客体的良性互动。水利特色院校要建设好学校的官方网站，在新时代下，专门为水利精神设计一个醒目的版块，结合开展的各种活动，为新时代水利精神开辟宣传窗口；为学校搭建自媒体平台，水利特色院校可以通过官方微博、微信公众号等平台传播新时代水利精神。

三、以课程思政为引领，创新水文化育人方法

水利特色院校应该贯彻落实"课程思政"的相关文件精神，将"课程思政"和水文化教育相融合，通过充分发挥各类课程的在水文化育人中的作用、提升青年教师水文化素养、精心打造水文化教育课程体系等途径，改革创新水文化教育教学工作。

（一）充分发挥各类课程在水文化育人中的作用

一是充分发挥思想政治理论课的重要渠道功能。思想政治理论课是培养大学生正确价

值观和行为规范的主阵地，要坚持把思想政治理论课摆在首位，确保教学的质量和效果。因此，水利特色院校在开展水文化育人工作时，一定要突出思想政治理论课的战略地位和作用，将其置于重要的位置上，使之成为引领学生树立正确价值观、形成良好心态、提升道德素养的主渠道。从根本上来讲，首先要在课程设计和方法运用上突出水文化的理念和内涵特点，让大学生更好地理解、把握水文化的时代理念，以水之德、义、勇、道、法、正、善、志的精神品质指导学生做人做事，推动学生健康成长、成才。其次，在课堂教学事实上，把水文化的内容融入到思想政治理论课中，帮助学生在课堂上了解水文化知识，体悟水文化精神。以"德法课"为例，在"理想信念"这部分的授课过程中，用水的德性和水的理性来引导学生认识到水资源与人类生存环境之间的密切联系，引导学生担当时代责任；用水的磅礴气势来指引学生不断探索未知世界、追求远大的人生理想；用水洗濯必洁的善意态度和真诚之心，引领学生学会感恩社会、珍惜他人、善待自己。在"法律"这部分的授课课程中，帮助大学生了解水利法规、管理制度等，让学生们明确其所承担的责任和义务，培养大学生的法律自觉，加深大学生对水污染防治、水资源保护的认识。最后，从课后发力，给学生布置课堂作业时，注重作业内容里水文化内容的适当加入，使大学生在查找、总结梳理水文化的过程中，更深入地理解和思考水文化。

二是发挥专业课教学的渗透作用。水文化育人属于思想政治教育的范畴，因此，水利特色院校要推进水文化"课程革命"，将水文化与专业课结合，为实现人才培养目标奠定了坚实的基础。首先，要进一步探索专业课与水文化内容的结合点，着力挖掘整合专业课中蕴含的水文化资源优势，增设围绕水文化精神解读、水资源开发利用、水污染治理等内容，将水文化育人融入教育教学的全过程，不仅有利于学生接受专业技能知识，而且还有利于帮助大学生成为"自我管理、自我教育、自我服务"的新时代人才，达到水文化育人的目的。如，在对水利专业的学生进行课堂教学时，在课前可以组织学生课前观看"都江堰"的气势磅礴，感悟古人智慧结晶，课堂上以"两河口水电站"视频引出知识点，让学生深切感受水利人吃苦耐劳、自强不息用双手成就中国梦的奋斗精神，实现了水文化与人才培养目标的紧密结合；在讲授英语课的过程，可以结合教学内容选择国内外涉及水文化知识的报刊和有关书籍进行阅读，在学习的过程中帮助学生了解当前全球的水资源状况、水土流失以及水污染等生态环境；在讲授法律基础课的过程中，可以融入水利法规、水文化制度建设等内容，增强学生节水护水、纪守法等法治规则意识；等等。其次，要通过建立教师互评的方式来对水文化融入的情况进行实时监控，从整体上把握水文化育人的发展态势，及时发现实施过程中存在的问题和不足，并对症下药，提出解决方案加以改进和完善。最后，要建立完善的评价机制，在全校学生中对已开设课程的内容、授课方式、教学效果采取问卷形式跟踪调查，不断加强水文化教材建设，对较为成熟且效果明显的课程编写教材，以"中华水文化"国家精品在线课程为示范，申报优秀课程建设及教学改革项目，推进精品课程建设，提升课程教学和建设上水平。

（二）提升青年教师水文化素养

一是水利特色院校的教师要注重不断提高自身水文化方面的认识储备，只有这样，德育工作才会更具有说服力。教师应该注重自己的个人修养和言谈举止，为学生成长和发展提供明确有效的指引，因此，水利特色院校要引导教师以水的品质来激励自己，将水坚韧、灵活、淡泊的高尚品格融入育人工作中，一方面以水的品质励己，正身为范、厚德为美，另一方面以水的内涵鉴己，敬业为先、育人为本。

二是水利特色院校应加强对教师的水文化教育培训，提升教师的水文化素养，开展水文化学术论坛、水文化教育基地学习等，通过呼吁教师积极参与其中开展交流，不断丰富教师的水文化知识储备，使水的内涵和品质真正内化在教师心中，进而实现专业课知识和水文化资源的双向互动，实现水文化育人的功能。

三是要鼓励全校教师积极开展水文化的相关研究。水利特色院校可以依托自身优势，建立激励机制，把水文化素养作为教师日常考核的一个重要指标之一，对那些在水文化育人工作中做出突出表现的教师进行奖励，促进教师团结协作，提高开展水文化相关研究的积极性，主动探索专业课堂教学内容和水文化的相关性，坚持"以人为本、以水育人"的理念，从人才方面为水文化在德育工作中的全面渗透提供强有力的支撑。比如，每年固定时间举办水文化育人先进个人表彰等典礼活动。通过评选先进，不仅可以激发教师组织参与水文化育人活动的动力，而且可以使学生提高学习水文化的自觉性。

（三）精心打造水文化教育课程体系

一是水利特色院校要创造完善的条件，加快开设水文化必修课的步伐。学校要把"水文化概论""中国水利史"等课程作为必修内容，相关部门要对水文化必修课程的设置给予政策支持和经费保障，为开展好水文化必修课提供坚实的物质基础，并鼓励教师以观看水文化专题片、拍摄水文化专题视频等多样化的方式来拓宽水文化必修课的教学途径，在教学过程中注重培养学生对水文化相关知识的学习兴趣，有助于学生清晰了解当前水资源的现状以及其中蕴含的人文精神和科学精神，增强生态环保意识和社会责任意识。

二是做好水文化课程和专业课之间的有效衔接。水利特色院校要对学生进行有效的水文化教育，仅依靠其中一两门必修课是远远不够的，要通过与其他专业课之间的有效衔接，高度重视和发挥具有理论性和系统性的课堂教学在水文化育人过程中的核心作用，打造完整的水文化教育课程体系。探索适应新时代水利特点、培养新时代水利人才的途径，建立灵活多样的课程体系和互动交流的教学平台，不断提升课程教学效果和质量，深入推进课堂改革创新，不断升华课堂教学内涵，以此来增强水文化课堂教学吸引力、感染力和渗透力，为实现水文化育人的目标奠定坚实的基础。水利特色院校要大力推进课程思政建设，树立"大思政"工作格局，在教育教学全过程渗透鲜明的育人导向，通过梳理挖掘各类课程中蕴含的德育元素，重视将历史、哲学、经济等理论知识与水文化内容相互融通，精心打造包含思政课、人文素质课、专业课等在内的水文化育人体系。

四、以水文化育人为核心，凝练特色大学精神

水利特色院校肩负着特殊的办学使命和任务，在长期的办学发展和服务经济社会发展的过程中，形成了独具特色的大学精神文化。新时期要求水利特色院校要紧紧围绕一个"水"字，借助优秀校友和榜样的力量来培养人才、凝聚力量，以此提升办学品质，以水文化育人为核心，进一步凝练特色大学精神。

（一）凝练水利特色大学精神文化

一是要不断凝练水利特色院校精神文化的核心层面。传承和创新是文化建设的根本，也是文化永葆生机活力的关键。水利特色院校的特色精神文化的凝练过程也需要坚持传承和创新相统一的原则，在学校发展的各个阶段上不断挖掘学校文化积淀，凝练水利特色院校精神文化表述，这有利于大力传承和弘扬优秀办学文化传统，发挥特色大学文化的导向、凝聚、辐射功能，为培养担当民族复兴大任的时代新人作出水利特色院校应有的贡献。以河海大学和华北水利水电大学为例：河海大学在百年的办学历史中形成了独具特色的"河海文化"，形成了"水润万物的奉献精神、海纳百川的博大胸怀、精研求真的学术风格、务实重行的教育传统"的河海风格。华北水利水电大学始终不忘初心，坚持传承水利特色，始终秉承"勤奋、严谨、求实、创新"的校训，锻造了"情系水利，自强不息"的办学精神，形成了"育人为本、学以致用"的办学理念，锤炼了"忠诚、坚毅、务实、奉献"的华水品格，铸就了"吃得苦、下得去、用得上、留得住、干得好"的人才培养特色，培育了"为人朴实、基础扎实、工作务实、作风踏实"的华水学子品质。

二是要注重特色大学精神文化的倡导和践行。在水利特色院校大学文化落地的具体方面，要注重把特色大学精神文化和学校育人工作相结合，将特色大学文化转化为学校的软实力，凝练到文化的各个方面，如精神内涵、制度构造、特色大学文化符号等落实到制度，形成标准和行为准则。首先要不断丰富形式，开展特色大学精神文化教育。如：通过对学生进行入学教育，丰富特色大学精神的表现形态，提升学生对本校特色大学精神的认同感和自豪感，然后能够将特色大学精神作为自己做人做事的一个风向标；在形势政策课中，由学校领导干部带头，为学生详细讲解特色大学精神的凝练过程，通过特色大学精神教育的融入，不断地激发大学生行业担当的责任感。其次，以特色大学精神文化为引领，打造水文化育人品牌。水利特色院校要紧扣特色大学精神文化，打造"水文化精品课程、水文化精品活动"等品牌，大力弘扬大学文化精神，强化校园品牌效应。要坚持提高质量和打造精品相协调，将特色大学精神文化和学校水文化育人工作相结合，帮助学校在形象塑造、成就展示等方面根据自身的实际情况突出特色，将特色大学精神文化和精品建设相结合，打造具有自身特色的水文化育人精品。

（二）积淀校友文化以传承和创新特色大学精神

一是要发掘校友资源，繁荣校友文化。校友资源是特色大学的重要组成部分，也是建设高质量大学必不可少的宝贵财富，更是培养人才、创造就业机会、推动经济社会发展的有力支撑，以其丰富多彩的文化内涵和深厚的历史积淀深刻影响着广大师生的思想观念、道德情操和行为方式。通过用校友的奋斗经历和感人事迹激励和引导学生，提升学生对特色大学精神的认同感，丰富大学生的精神食粮，帮助他们树立远大理想、明确奋斗目标。如华北水利水电大学为祖国培养输送了众多高级技术人才和管理人才，不仅有水利部连续三任部长为代表的党政高级优秀管理人才，以欧洲科学院院士刘俊国为代表的科技领军人物、以科幻作家刘慈欣为代表的专门人才、以全国优秀大学生孟瑞鹏为代表的青年榜样，更有一大批默默无闻、奋战基层、以水为伴、为祖国建设贡献青春力量的华水人，他们身上无不体现"华水特质""华水担当"，在全国水利事业形成了华水现象、华水效应。

二是要积淀校友文化，创新特色大学精神。水利特色院校的校友大多集中在水利行业，他们身上所表现出来的精神品质，无不体现着水文化精神对他们的影响，这也正是传承和创新特色大学精神不容忽视的一部分。首先，要结合校友和学校特点，以自身的校友会为基点，在全国乃至全世界范围内建立区域性校友会，建立编织一个纵横交错的校友会网络。其次，要为校友提供与母校沟通的互动平台，通过校友的专业技能为学生进行专业教育，邀请校友回母校讲授成功经验，然后通过演讲比赛、征文等形式，组织学生们学习优秀校友身上信念坚定、忠诚为民的政治品格。例如，华北水利水电大学在七十周年校庆之际邀请著名科幻作家、中国作家协会会员优秀校友刘慈欣，中国"蓝天救援队"队长安少华等优秀校友经常回学校做报告，讲述自己的人生经历、专业发展和青年学生价值观培养等，呼吁学生向优秀校友学习。

第五章

新时代水利特色院校文化育人的
保障机制建构

水利特色院校文化育人的保障机制，是指文化资源育人的各有机系统对开展育人实践所进行的"防护"与"保卫"，避免文化资源育人陷入低效、无效境地，并能够实现创新和可持续发展的各种保障措施的总和，是水利特色院校文化育人的"安全阀"。

第一节　水利特色院校文化育人保障机制概述

一、水利特色院校文化育人保障机制

在《现代汉语词典》中，"机制"泛指"一个工作系统的组织或部分之间相互作用的过程与方式"。❶ 机制在自然科学领域主要是指各物质之间以及物质内部结构之间相互作用、相互影响的关系。在社会科学领域，机制指两者之间相互作用的内在联系，可延伸为两者之间或者两者内部结构之间的关系与运行规律。水利特色院校文化育人机制就是将"机制"这一概念引申至水利特色院校文化育人过程之中，通过主机制与各个子机制之间的联系，运用它们之间的规律，弥补水利特色院校文化育人空缺，完善水利特色院校文化育人实践，加强子机制与主机制之间的协调，使水利特色院校文化育人发挥更大的作用。

水利特色院校文化育人保障机制指的水利特色院校为实现文化育人目标与立德树人根本任务，在遵循文化育人原则与机理，按照文化育人方式方法的前提下，不断调整文化育人运行过程中各个要素，通过各个要素之间的相互影响与相互作用，提升文化育人效果，保证文化育人的良好运行状态，保障文化育人能够形成一个动态、稳定、有效的系统性体系。水利特色院校文化育人保障机制是水利特色院校文化育人工作开展过程中各个阶段的相互联系与相互作用，其研究对象是水利特色院校文化育人不同要素的整体发展与功能，主要包括文化育人工作必须遵循的原则导向、应该选取的科学内容、运行过程中各个组成部分的协调与优化、评价反馈的创新与完善等，既涉及总机制与子机制之间的相互联系，又涉及子机制中诸多要素的平衡与发展。

二、水利特色院校文化育人保障机制的组成要素

水利特色院校文化育人保障机制的研究对象是文化育人各个方面与各个要素之间的整

---

❶ 中国社会科学院语言研究所词典编辑室. 现代汉语词典［M］. 北京：商务印书馆，2005：628.

体规律，主要包括两个部分：一是文化育人在系统完整的运行过程中需要遵循的原则与机理，强调运行过程中相互链接的各个部分之间的关系与作用，它们相互影响、相互促进又相互制约，刻画了文化育人从开始到目标实现的完整过程，包括从文化内容的选择到文化育人效果的评价反馈；二是文化育人这一体系内部各个关联因素之间的相互关系与相互影响，包括文化育人主体、文化育人客体、文化育人介体、文化育人环体等。因此，水利特色院校文化育人保障机制的组成要素主要包括导向机制、内容机制、运行机制、评价机制这四个子机制。导向机制是水利特色院校文化育人保障机制的核心，文化内容的选取、文化运行的优化、文化评价的完善，都与导向机制能否把舵定向息息相关，一旦导向机制方向出现错误，文化育人保障机制则难以健康协调地发展。内容机制是导向机制的反映，文化内容应始终围绕文化育人导向，坚持社会主义主流文化倾向，符合社会主义核心价值观的要求。运行机制是导向机制与内容机制的生动体现，文化育人主体需要对受教育者进行正确的价值引导，文化育人载体承担着传播文化育人信息、促进客体向主体转化的作用，文化育人环境蕴含着文化价值观念与思想理念。可以说，无论是运行主体、运行载体还是运行环境，都是以导向机制与内容机制为基础的。评价机制是对导向机制、内容机制、运行机制的反馈与总结，文化育人导向是否正确、内容是否完整、运行是否完善，即文化育人是否实现预期目标以及实现程度如何，后续如何协调更正，最终都体现在评价机制中。

三、水利特色院校文化育人保障机制的时代价值

（一）满足学生成长发展需要

文化作为一种教育活动，应该坚定政治立场和社会主义意识形态。但在多元文化背景下，国内外文化的交流、交融、交锋从未停止，意识形态领域内的斗争越加激烈，高校成为这些矛盾的争夺之地，受教育者往往面临着不同价值观的冲击与影响。多样化社会思潮与境内外敌对势力不断叠加，大学生的认知遭到西方意识形态与错误流行文化的冲击，往往会产生政治立场不坚定或价值观动摇倾向。在这样的情况下，传统的政治灌输无疑会使学生产生抵触心理，影响良好教育效果的实现。但教育者以文化为载体，巧妙地将教育理念蕴含其中，这种潜移默化的场景会使学生不自觉地将自己代入，对于教育者要输送的知识也更易于接受。由于物质文明的发达与网络信息技术的发展，大学生所接触到的精神文化信息日益繁杂。一方面，这为他们提供了多姿多彩的课外精神文化产品，精神需要得到满足。但另一方面，西方意识形态、封建残余、市场经济带来的不良思潮又对他们的价值观念产生了巨大冲击，西方国家通过网络传播资本主义的思想观念，一定程度上弱化了大学生对社会主义的理想信念，影响受教育者的民族自信与民族认同感。除此之外，网络文化具有一定的迷惑性，长时间沉迷于网络容易让大学生产生依赖心理，精神萎靡、情绪低落、神经衰弱等现象常有发生。

校园作为大学生学习、生活的场所，如何通过校园文化的建设传播正确的价值观念与社会主义意识形态、丰富其精神世界就显得尤为重要。从水利特色院校文化育人的内容来看，源远流长的中华优秀传统文化继承并弘扬了中华优秀文化教育资源，其价值观念、思维方式、道德理想、风俗习惯丰富了思想政治教育的内容，为文化育人提供了深厚土壤。范仲淹的"先天下之忧而忧，后天下之乐而乐"传播了中华民族的爱国主义精神；"天行

健，君子以自强不息"有利于培育积极向上的人生态度；"仁者爱人"促使受教育者从爱自己出发，进而爱他人，爱社会；传统的中式建筑、绘画、书法、雕塑更是水利特色院校进行审美教育与民族精神教育的最好素材。中华优秀传统文化已经深深植根于中华民族的精神基因，激发了大学生的民族自豪感与文化自信心。水文化以丰富的内涵和价值，对于培育民族精神与爱国主义精神、坚定理想信念与革命道德情操具有重要作用，其文明传承功能与政治教育功能可以使文化育人达到事半功倍的效果。中国特色社会主义先进文化吸收了中华优秀传统文化的精华，又立足于当代社会实践，以马克思主义为指导，代表了社会主义文化的发展方向。总之，水利特色院校文化育人保障机制应根据政治导向来获取水文化资源，以政治和社会需要规导学生品行，通过文化教化满足受教育者成长发展需要，加快培养优秀水利人才，使大学生树立正确的世界观、人生观、价值观、文化观。

（二）落实高校立德树人根本任务

"国无德不兴，人无德不立"。一个国家、一个民族，若想屹立于世界民族之林，想要国家的长治久安与繁荣富强，那么就必须提高国民思想道德素质，加强人才培养。当代大学生若想报效祖国，承担起新时代的责任与使命，也要在知识素养与德行操守上下工夫。"立德树人"在我国具有深厚的历史渊源，中华传统文化中就体现着深厚的立德树人思想。关于"立德"，春秋时期叔孙豹提出了"三不朽"：太上有立德，其次有立功，其次有立言，虽久不废，此之谓不朽。意思就是，最高的境界首先是树立良好的道德修养，其次是建功立业，最后是为后代写下文学作品、著书立说，这样尽管年代已经非常久远，但你的功劳永远不会被抹杀，这才是真正的永垂不朽。"树人"语出《管子·权修》："一年之计，莫如树谷；十年之际，莫如树木；终身之计，莫如树人。"强调培养人不是短期之内能够成功的，需要长期的努力，甚至可能需要花费终身的时间，因此要立足长远。我们说"百年大计，教育为本"，也意在指明教育的长期性与重要性。

《周易》有云："观乎天文，以察时变；观乎人文，以化成天下。"这揭示了文化的教化功能，"文化"作动词时与"育人"有异曲同工之妙，都具有"育人"的作用，回答了教育过程中如何运用文化的内容与方法培养德智体美劳全面发展的人这一问题。从"立德"的角度出发，高校文化始终贯彻社会主义核心价值观的要求，其主导性的特征引导受教育者朝着正确的政治方向前行，有利于在潜移默化之中提高受教育者的国家大德、社会公德与个人品德。"人无德不立，育人的根本在于立德"，从"树人"的角度出发，高校文化对受教育者的世界观、人生观、价值观的正确养成具有重要意义。在优美的校园物质文化、时代性与民族性并存的精神文化、具有约束与激励效果的制度文化影响下，有利于受教育者健全人格的塑造、良好行为习惯的养成、高尚品德的培养、审美能力的提升，促进学生的成长、成才与全面发展。"十年树木，百年树人"，文化的影响是深远的，教育目标的实现也非一朝一夕之事，通过文化来教育人、培养人，这种"润物细无声"的影响更具长远性与持久性。总而言之，文化在很大程度上影响着高校立德树人教育目标的实现，先进的文化能促进立德树人教育目标的实现，落后的文化阻碍立德树人教育目标的达成。因此，高校要大力发扬社会主义先进文化，达到育人的效果。

（三）坚定社会主义文化自信

文化自信是植根于人内心的一种坚定信念，习近平总书记曾多次提到"文化自信"，他指出："文化自信是一个国家、一个民族发展中更基本、更深沉、更持久的力量。"坚定文化自信，既要保持对自身文化的高度肯定与认同，同时也要对文化生命力抱有高度信念。当今世界文化多样化趋势日渐凸显，文化自信要求作为主体的个人、民族、国家要在各个民族、各个国家的文化交流与碰撞之中达到对自身文化的正确认知、充分肯定与积极践行，即正确认知自身文化内容、充分肯定自身文化价值、积极实现自身文化的创造性转化与创新性发展。正如陈先达所言："文化自信既是基于民族苦难和奋斗史的文化自觉与自豪，又是我们民族寻找自身伟大复兴之路的文化史的历史展示。"社会主义文化自信是建立在五千多年中华文明基础上的文化自信。首先，源远流长的中华优秀传统文化是培育社会主义文化自信的最深厚根基。"水能载舟、亦能覆舟"的治国理念，"有志者事竟成"的坚定毅力，"人生自古谁无死，留取丹心照汗青"的献身精神，"虽九死其犹未悔，吾将上下而求索"的百折不挠，"黄沙百战穿金甲，不破楼兰终不还"的爱国之志等，均体现着中华民族在世世代代中形成和传承的价值观念与思想基因。其次，以"革命"为精神内核的红色文化是培育社会主义文化自信的重要源头，是赓续红色基因的精神谱系。红色文化以马克思主义为指导，继承中华优秀传统文化，吸收世界优秀文明成果，展现革命实践的精神风貌与思想观念，体现中国共产党自成立之日起，到新民主主义革命时期、社会主义革命与改革开放时期中国共产党与中国人民的品格风范。一部红色文化的产生发展史，就是一部中国人民和中华民族为争取民族独立、人民解放和国家富强的斗争史。最后，社会主义先进文化是培育社会主义文化自信的灵魂。社会主义先进文化具有人民性，站在人民的价值立场上满足了人民的文化需求，实现对中华文化的创造性转化与创新性发展，加强社会主义核心价值观信念，为全面建成社会主义文化强国提供了强大的底气支撑。文化育人作为一种文化现象，与中华优秀传统文化、红色文化、社会主义先进文化在本质上是一致的，其所蕴含的教育内容、传播的价值观念都是文化的重要组成部分。水利特色院校文化育人在落实"立德树人"这一根本任务时，同时也在培育受教育者的文化自觉与文化自信，增强受教育者对自身民族文化的认同感与自豪感，实现由文化思想的认同到行为的积极践行，做到学思践悟、知行合一，使社会主义文化自信能够内化于心、外化于行。

第二节　水利特色院校文化育人保障机制现状分析

一、水利特色院校文化育人保障机制的主要成效

（一）深化了水利特色院校文化育人理念

改革开放以来，我国水利特色院校的文化建设经历了不同时期，初期注重校园文化建设，转型时期注重文化素质教育，发展时期注重大学文化建设。但无论在哪一阶段，水利特色院校文化建设都始终围绕着"文化育人"这一理念展开。自水利特色院校文化育人保障机制实施以来，水利特色院校对文化育人的重视程度不断提升，校园文化建设开始注重发展学生兴趣爱好，丰富校园文化生活，校园文化建设快速发展。文化育人保障机制突出了文化育人主体的作用，如国家教委、地方教育部门、各级教育学会、高校牵头相继举办有关文化的学术研讨会，成功将校园文化研究推上了一个新的台阶，掀起了校园文化研究

热潮，丰富了水利特色院校文化建设研究成果。文化素质教育的主要目的就是依据文化的传承与创新，以加强人才培养，实现文化育人目的。水利特色院校文化育人保障机制将"五育并举"的教育理念融入文化育人过程中，文化素质教育在此后不断得到重视与发展。保障机制与"五育并举"的结合推动文化育人理念的更新，并将德、智、体、美、劳的育人目标贯穿于整个教育活动之中，在理论与实践中践行文化育人理念。

（二）整合了水利特色院校文化育人资源

目前，我国水利特色院校文化教育主要有以下三个发展阶段：一是关注学生素质教育进步、创新创造能力培养、个性发展的阶段；二是注重推进大学文化品位、提高全校师生文化素养的阶段；三是强调文化育人与思想政治教育、师生文化教育、科学教育相互促进、相互结合的阶段。随着文化育人阶段的发展，水利特色院校面对的社会环境有所不同，这为水利特色院校整合文化育人资源提供了良好契机。一方面，水利特色院校文化育人保障机制继承并发展了传统育人资源，这部分资源在育人过程中发挥着主要作用，将理论资源与实践资源通通囊括其中，如教材开发、课程开设、主题活动、社会实践、教育基地等，使大学生参加文化育人实践的意愿不断增强，在提高文化育人实效性中发挥了重要作用。另一方面，随着现代信息技术的发展，水利特色院校文化育人保障机制注重网络育人资源的开发，这部分资源比起传统资源更具变化性与随意性。如果说传统资源偏向发挥校内老师与学校的作用，那么网络资源则偏向于尊重受教育者的兴趣爱好，与日常生活联系更为紧密，如学校官方微博、抖音短视频、微信公众号、慕课、心理咨询中心等。水利特色院校文化育人保障机制中对文化育人资源开发的关注，既激发学生热情，又增强文化氛围，促进文化育人向社会领域、心理领域，以及虚拟领域不断拓展，有利于促进学生思想道德素养提升与行为习惯养成，助推水利特色院校文化教育改革，提升学校文化品位。

（三）完善了水利特色院校文化育人功能

文化育人功能具有渗透性和隐蔽性的特征，水利特色院校文化育人保障机制也不可避免地带有一定渗透性与隐蔽性，这体现在水利特色院校通过营造氛围浓厚的文化育人环境，使置身其中的广大师生在潜移默化之中受到熏陶与感染，引导其养成正确的世界观、人生观、价值观，将社会所要求的思想观念内化于心、外化于行。文化育人保障机制推动文化育人功能的发展与完善，如聚合功能、娱乐功能，但最重要的还是文化育人导向功能的发挥。水利特色院校文化育人保障机制主要有以下三个功能：

一是导向功能。校园文化无论是正面引导还是负面引导，其导向效果都是非常明显的。但文化育人保障机制的构建，会不断引导大学生紧紧向社会主义核心价值观靠拢，引导大学生辨别大是大非，坚持正确的道德理想与人生追求，增强正面导向效果，弱化负面导向带来的不良影响。

二是激励功能。水利特色院校文化育人保障机制营造了积极向上的良好氛围，促使大学生朝着更高的目标攀登，养成奋发图强、勇往直前的优良品质。

三是提升功能，即科学文化素养和思想道德修养的提升。文化育人保障机制的构建并不仅仅是为了传承和弘扬文化理论知识，更重要的是在文化的熏陶中提升综合素质，陶冶人格和情操，培养一批又一批适应当下中国特色社会主义建设发展的生力军。

二、水利特色院校文化育人保障机制的现存问题

（一）一元导向与多元化的冲突

我国的文化现代化始终是马克思主义一元化与多元价值取向的对立统一。一元导向与多元化的冲突是水利特色院校文化育人导向保障机制中不可避免的问题。水利特色院校作为意识形态教育的重要场所，在教育过程中必定坚持党的领导，坚持社会主义办学方向，坚持社会主义主流意识形态，以社会主义核心价值观为思想引领。因此，水利特色院校文化育人保障机制不可避免地带有一定统一性与针对性。自改革开放以来，我国水利特色院校的文化教育始终坚持一元化方向，既运用统一化的标准衡量教育主体，又运用统一化标准衡量教育客体，在文化教育中自有一套统一性的社会价值作为评判，这就导致一定程度上忽视了一元化与多元化的冲突。

首先，水利特色院校的一元化育人理念与受教育者的多样化需求之间存在着矛盾。水利特色院校的受教育者是具有思想意识的主体，但由于年龄、经济条件、生活环境的不同，受教育者具有不同的层次性与差异性，面对同样的情况甚至还可能想法完全不同。在这种情况下，水利特色院校的一元化育人理念未能充分考虑到众多受教育者的实际想法，也不一定能满足受教育者的多元化需要，抑制了学生的身心健康发展。不可否认，水利特色院校运用一元化的育人理念能有效地培育出社会所需要的学生，但就学生个人而言，容易出现缺乏批判精神与创新精神的现象。这不仅反映了水利特色院校一元化育人理念出现的问题，也从侧面反映了教育者对学生主观能动性的忽视。相反，学生内心的真实想法、学习生活中的种种需要、心理特征的变化、情绪情感的表达等，都应该成为教育者长期关注的重要因素。忽视学生的发展差异，一味强调知识灌输与单向传递无疑会弱化对理论的接受度，影响水利特色院校文化育人的效果。随着中国特色社会主义进入新时代，人们在满足物质需要与精神文化需求的基础上，对个人的全面发展与社会的全面进步也有了新的想法。因此，水利特色院校应及时关注这一矛盾转变带给学生的影响，厘清社会基本矛盾与学生发展个性化、层次化、多元化之间的关系。

其次，是一元化与外部环境多元化的矛盾。当前，我国社会正处于全面深化改革时期，社会转型与观念的力量、制度的力量联系在一起，与来自外部世界各种物质的、思想文化的冲击联系在一起。人们的思想观念不断发生变化，价值观念愈加多元化，这对国家主流意识形态提出了巨大挑战。一些西方国家利用经济科技优势，在经济全球化浪潮的推动下，将资本主义意识形态通过经济、政治、文化等手段向国内灌输，对我国社会主义主流文化的影响力造成了一定破坏。尽管大多数学生始终坚信马克思主义、坚信中国特色社会主义、坚定我国主流意识形态，但也有一小部分学生受到生态主义、消费主义、民族主义、人道主义等社会思潮的影响。一方面，这会削弱社会主义主流意识形态对大学生的影响力，对主流文化存在一种疏离心理，降低大学生的民族自信心与民族自豪感。另一方面，会造成部分大学生文化价值取向错误，将价值与物欲、利益挂钩，"有用"成为他们判断事物价值的主要标准，消费观、择业观、恋爱观与主流观念相去甚远。

但需要注意的是，无论是多元化差异还是多元化价值观念，并不等同于放弃一元化育人理念，也不意味着育人理念的导向多元化。水利特色院校应该始终坚持一元化育人导向，坚持党的领导，坚持社会主义办学方向，坚持以社会主义核心价值观为思想引领。同

时，又要正确对待多元化观念的存在，合理对待受教育者的差异性与层次性，以辩证统一的态度促进一元化与多元化的协同发展。

（二）主流文化与不良亚文化的矛盾

水利特色院校文化包括主流文化与亚文化两部分：主流文化始终坚持以马克思主义、毛泽东思想、中国特色社会主义理论体系为指导，以培养德智体美劳全面发展的社会主义建设者和接班人为目标，与社会主义先进文化方向一致；水利特色院校亚文化，即非主流文化，在不同的时代背景下，会有不同的亚文化流行于校园，是某一时期以水利特色院校大学生为主体的思想观念、价值取向、伦理道德、理想信念等文化要素的总和。亚文化是相对于"主流文化"而言的一种文化形态，具有与主流文化不同的价值理念、语言体系、行为方式与群体个性。校园亚文化带有时代性与社会性特征，当前的佛系青年、手游、手办、抖音短视频、共享经济等都是校园亚文化盛行的表现，深刻影响着校园主流文化的发展。水利特色院校亚文化是与主流文化相对应的次属文化，我们将其中不利于水利特色院校文化建设与学生身心发展的部分称为"不良亚文化"。不良的校园亚文化是由不良的文化价值观创造的。大学生作为校园文化生活的一大主体，在接受外界传播的文化影响的同时，反过来也在不断影响并创造着校园文化。当大学生文化价值观发生错误时，就会创造不良的校园亚文化。

水利特色院校不良亚文化存在于大学生群体中，与主流文化相斥，对水利特色院校文化建设与进步起阻碍作用，是不利于学生身心健康发展的意识形态与行为准则。当前，水利特色院校不良亚文化表现多样，如评优评奖拉票、竞选干部拉关系等腐败亚文化，热衷攀比、奉行金钱至上的拜金主义亚文化，沉迷于网络游戏、虚拟聊天社交的虚拟亚文化。这些不良亚文化具有传播面广和感染性强的特点，无疑对水利特色院校文化育人工作的效果产生了负面作用。水利特色院校不良亚文化在某些有关道德价值判断的事件中具有不确定性，容易使应做出道德行为选择的大学生陷入两难境地，一旦认知发生偏差，大学生将会出现错误的道德价值判断，发生错误的道德行为，进而迷失自我。首先，不良亚文化会削弱水利特色院校思想政治教育的影响力。大学生追求多元文化选择，但思想政治教育主体、方法、内容往往满足不了大学生的多元文化追求，这不但加剧了思想政治教育过程中的矛盾，也弱化了思想引领的效果。不良亚文化具有通俗、娱乐化、浅显等特点，在互联网的作用下快速传播，从生活、学习、工作、思想等方方面面对大学生施加影响，在某种程度上满足了这一大学生群体的个人需求，通过侵扰其正确的认知结构、和思想政治教育产生对抗，从而弱化了水利特色院校思想政治教育影响力。其次，扭曲学生价值取向。水利特色院校不良亚文化具有物质化与功利性的特征，极易滋生个人主义和自我中心主义现象，使集体主义价值观遭到一定质疑，冲击着水利特色院校主流价值取向。部分大学生在享乐主义、拜金主义、利己主义、消费主义等错误价值观的侵蚀下，过度追求个人利益和物质利益的实现，严重影响了大学生正确世界观、人生观、价值观的建立。最后，水利特色院校不良亚文化影响大学生身心健康发展。当前，大学生心理问题增多，就业问题、经济问题、人际关系问题、恋爱问题使部分大学生的心理处于亚健康或不健康状态，抑郁、焦虑、自闭、神经衰弱等现象导致大学生心理健康失去应有的平衡。大学生的心理问题主要表现为个人认知出现偏差、过度依赖网络、现实交往出现障碍、心理承受能力下降、对周围事物参与感低等。

（三）顶层设计与管理运行的不协调

水利特色院校文化育人保障机制的顶层设计，指的是针对水利特色院校文化指导思想、文化定位、文化目标、战略举措、发展思路等一系列事关文化育人保障机制建设的重大问题，所进行的综合性、系统性、全局性的构想与规划，以描绘出水利特色院校文化育人的美好蓝图。"不谋万世者，不足谋一时；不谋全局者，不足谋一域"❶，顶层设计是针对特定对象提出的总体战略规划，关系着文化育人的目标递进、运行落实、及时监控等。

但是在实际的运行管理中，却出现了与顶层设计不相符的现象。一是某些水利特色院校对顶层设计的认识不到位，缺乏系统性的认识和了解，使得文化育人体系的设置出现混乱，弱化了系统之间的整体性与全局性。二是文化育人主体之间缺乏沟通，导致各部门之间存在的矛盾无法得到有效的解决，反而由于意见不同加剧了摩擦。部分水利特色院校文化育人主体的能力不足以承担起水利特色院校文化育人的任务，在突发事件爆发时欠缺应急处理能力。三是水利特色院校文化育人的目标过多，小目标存在重叠现象，多而不精，在实际育人过程中可能出现各目标相互转换、最终目标难以明确、计划执行盲目的现象。四是文化育人平台未充分发挥作用，大部分水利特色院校的文化育人活动仍是通过活动这一载体，借助文件这一官方报道加强宣传，将文化育人的作用控制在了一定范围内，传播面受限，且传统形式缺乏新颖性，吸引力有限，新的形式还有待开发与完善。

（四）评价反馈与效果优化的滞后

评价是水利特色院校文化育人保障工作的最后一个环节，规范和指引着水利特色院校文化育人的质量，事关文化的发展前景。水利特色院校应从评价的核心内容出发，明确评价目的，利用多元评价主体，多维度收集大家的反馈并发现当前面临的问题，尽可能完善评价机制，达到优化后续效果的目标。对文化育人的评价应把握以下几个方面：一是明确评价的目标，即评价想要达到一个怎样的效果；二是评价的方法，即评价主体的选择、评价体系的完善、评价过程的落实；三是评价的结果，即形成科学合理的总结评价，并据此提出针对性建议，及时应用评价结果，实现文化育人效果的优化。

目前水利特色院校文化育人评价保障机制面临着一些问题，阻碍了效果优化的实现。一是育人主体对评价的作用认识不到位。只有育人主体坚持正确的评价理念，才能充分发挥评价对后续工作的指导作用，可以说，评价就是促进文化发展的手段，提升育人实效才是最终目标。但当前部分水利特色院校认为评价的意义不大，评价成了应付各种检查、评估的应时应景之举，忽视评价对检验效果、发现问题的作用，弱化了评价的反馈与调节功能。二是在对评价结果的处理中，由于总结的科学性与客观性不足、信息更新不及时，甚至使得评价结果愈加滞后，不能给予指导性意见与支持，无法及时有效地调整文化育人中存在的不足，激发被评价者的不满，引发主客体双方的矛盾。三是评价主体具有局限性。目前水利特色院校文化育人评价主要涉及教育者与受教育者这两大主体，由教育者自评和大学生他评组成。但教育者自评的目的通常是用于反思，评价结果的真实度与可信度受到一定影响。师生关系不是服务员与消费者的关系，应用满意度模型工具相当于借管理之威

---

❶ 引自《瘟言二·迁都建藩议》。

异化师生关系。大学生作为受教育者，理应让评价发挥更大的作用，拥有更多的发言权，然而由于自身经历的限制、学习兴趣、个人偏好，甚至学校施压等原因，导致评价存在大同小异的情况，无法真实反映育人效果。

三、水利特色院校文化育人保障机制不足的原因分析

（一）社会文化环境复杂多变

社会文化是生活在某一国家或某一民族的群体在长期的历史发展中，由于语言、历史、制度系统的共通性而形成的对世界的看法，反映了群体成员的思维模式与行为方式，如伦理道德、行为规范、风俗习惯等。社会文化环境是相对于"文化"这一中心事物而言的，文化的变化会导致社会文化环境发生相应的改变，可以说，社会文化环境是一定历史条件下存在于文化群体周围，与文化主体联系并影响主体思想行为等事物的总和。社会文化环境的变化对水利特色院校文化育人的影响是极为复杂深刻的，影响和制约着水利特色院校大学生的发展需求、生活方式、消费观念、审美养成等，是大学生成长发展中的重要变量。

在全球化深入发展的背景下，经济全球化与文化多样化趋势日益凸显，不同国家和民族之间的文化竞争日趋激烈，国内外文化交流交融交锋更加频繁。西方国家借助经济优势和科学技术优势，利用互联网不断向国内进行文化输出，将文化殖民主义贯彻到底，意图否定中华优秀传统文化，歪曲革命文化，丑化社会主义先进文化，打击人们共有的情感基础，将资本主义意识形态的"自由""民主""人权"等价值观渗透到高校之中，散布传播破坏文化安全和共产主义信念的讯息。这是一场没有硝烟的战争，水利特色院校作为大学生文化教育的重要阵地，更是受到了国内外多样化价值观念与思想潮流的猛烈冲击，成为对社会文化环境反应极为敏锐的场所。现实中价值观领域出现的各种问题，在很大程度上是因为我国的思想文化领域没有形成应有的良好文化环境；相反，社会上众多文化发展的负面因素抵消了正面的积极努力。因此，水利特色院校能否适应社会文化环境的变化，如何引导学生正确理解社会主义市场经济价值取向，保证水利特色院校文化育人沿着正确的方向发展，是一个十分重要的问题。

（二）网络媒介的不可控性

当传统媒介已经不能适应信息化时代的要求时，网络媒介为水利特色院校文化育人的发展提供了新的渠道与手段。大学生作为中国网民中的主力军，已经熟练掌握并将互联网运用到生活学习的方方面面，沟通交流、查阅资料、讯息分享、休闲娱乐等网上生活加深了大学生与互联网的联系。在网络媒介的影响下，水利特色院校网络文化既具有物质文化的依赖性，又具有精神文化的复杂性与制度文化的动态性，这无疑加深了文化的不可控。一方面，互联网具有开放性特点，随着网络平台范围的扩大与信息的增加，低俗不堪的"娘炮文化"、色情文化、恶作剧文化使网络信息良莠不齐，未经过专业编辑与审核认证的文字可能带有一定主观性与片面性，一门心思向"流量"看齐的自媒体混乱了网络秩序，这增加了大学生甄别信息的难度。网络媒体依赖技术的有效支持建立了一个自由开放的信息共享平台，并且掌握了平台的自由度与开放度，但当每一个用户都拥有在网络上相同的言论自由权时，就有可能造成网络的无序化。网络媒体的复杂多样性、自由开放性以及不安全性，已经逐步在网络治理的过程中显现。另一方面，网络媒体的不可控性带来网络异

化现象。网络虚拟空间扩大了人与人交往的范围，在网络里的人际关系无需考虑现实人际关系的面部表情、肢体动作等因素。熟悉网络社会的部分大学生已经与现实社会相分离，在不受性别、学历、家庭背景限制的虚拟空间，会发生罔顾法律规范和道德标准来表达自己欲望和想法的现象。"泛娱乐化"就是其中的典型代表，这是娱乐圈衍生的一种虚假繁荣，通过娱乐化来掩饰事情的本质，吸引关注与流量，看似对政治伦理和个人偏好进行划分，实则会扭曲个人信仰和价值观念。

（三）水利特色院校行政化趋向弱化文化影响力

有学者认为水利特色院校行政化的实质是"在中国官本位文化尚未清除的背景下，水利特色院校党政机构与上级党政机构同形同构，其权力运行机制通过模仿西方科层制形成中国式科层制"。[❶] 简单来说，就是水利特色院校的行政管理泛化到其他管理之中，甚至连同学术事务都打上了"行政"的标签。坚持同形同构，即在组织架构上保持与党政机关一致，坚持党对水利特色院校的领导，是水利特色院校坚持社会主义办学方向的重要体现，这加强了水利特色院校与党政机关的联系，具有一定合理性。但水利特色院校作为教育机构，同时应该具有一定特殊性和独立性，在坚持党的领导这一前提下注重深化"放管服"改革也是必然趋势。大学必须具有学术性教学、科学与学术性研究、文化生活创造这三个组成部分才算真正的大学。为完成学术使命，学术组织、教学组织等应按照学术性的组织结构和制度结构来建立，否则行政权力的过度干涉有可能制约学术的健康发展。当下，我国水利特色院校文化组织之中不乏行政化的身影，比如有的学科带头人具有某些行政职务和头衔，行政权力凌驾于学术权力之上，在文化管理和学术决策中行政权力占据主导地位，教师与学生的自主权受到一定限制等。越来越泛化的高校行政化，一定程度上削弱了文化育人的效果。

（四）水利特色院校通识教育与专业教育失衡

水利特色院校文化育人负有立德树人的根本任务，其育人目的之一就是注重学生的全面发展，培养学生成为一名具备基本素养的合格公民，这一点与通识教育不谋而合。"通才"，即全面发展的人才。就目的而言，通识教育应注重人文素养、科学理性、文化素养等方面，意在培养学生成为具有社会责任感与全面发展的、完整的人和公民；就内容而言，通识教育既是一种帮助学生完善基本知识结构的教育，又是一种促进学生技能、态度、情感、道德的教育。专业教育培养大学生适应社会需求和某一工作领域的专业技能，重视的是学生发展的专业性与技能性。尽管专业教育具有丰富的教学实践经验，为国家输送了大量技能人才，但专业教育过于强调"专"，忽略了教学内容与培养方向的多元化。

我国水利特色院校历来重视专业教育，却忽视了与通识教育的均衡发展，这就容易导致学生的片面发展，人文素养与文化素养难以跟上水利特色院校文化育人的要求。当前，国内国际人才竞争偏向于高素质综合性人才的竞争，而水利特色院校专业教育培养的人才虽然能满足专业需要，但知识结构单一，缺乏一定的创新能力，综合素质难以满足社会对高素质人才的需求。基于此，我国水利特色院校开始重视通识教育，将通识教育与专业教育进行融合发展，以形成人的文化自觉意识，培养全面发展的综合性人才，力争改变这一

---

❶ 李太平，张怀英. 高校行政化内涵辨析［J］. 高校发展与评估，2021（1）：24.

现状。但由于种种原因，通识教育与专业教育仍处于失衡状态。目前，部分师生以及水利特色院校对通识教育与专业知识的重要性认知存在偏差。受到传统教育模式的影响，通识教育的重要性尚未得到部分人的认同，他们认为通识课程会剥夺专业知识的时间，有碍于专业学科建设发展，出现"重专业、轻通识""重实验、轻人文"的现象。对于部分学生来说，专业负担过重也影响到了通识教育的发展。通识教育的重要任务是精神陶冶而不是占有知识。通识教育的实施除了专业课程，还应该包括人性教育、文明教育、素质教育、能力拓展教育等。这意味着学生需要牺牲专业教育的时间，或牺牲自由活动的时间来投入通识教育中，但部分学生专业知识负担过重，无法留出更多时间来推动身心品格的发展，甚至会挤占课外学习时间用于专业学习。通识教育的重要目的就是促进学生文化品性与文化自觉的提升，但当前通识教育与专业教育的失衡，影响了水利特色院校人文与文明的传播，影响了文化育人效果。

第三节 水利特色院校文化育人保障机制创新路径

一、明确水利特色院校文化育人导向

新时代构建水利特色院校文化育人机制是一个系统完整的工程，所构建的机制能否持续、协调、有效、健康地运行，首先就在于导向保障机制能否把舵定向，在于能否永不动摇地坚持正确的文化导向。因此，不断探索并积极完善水利特色院校文化育人导向机制至关重要。导向与文化育人内容的选择息息相关，进而影响育人效果。坚持正确的导向历来是我们党对思想政治工作的基本要求，同时也是文化育人必须坚持的基本原则。

（一）坚持以马克思主义为指导思想

新时代水利特色院校大学生思想中既有成熟的一面，又有不成熟的一面，其世界观、人生观、价值观往往处于不断发展变化中。高校作为三观培育的重要阵地，要想发挥文化育人导向作用，首先就要坚持以马克思主义为指导，用马克思列宁主义、毛泽东思想、邓小平理论、"三个代表"重要思想、科学发展观、习近平新时代中国特色社会主义思想引领大学生的价值观念，为高校受教育者提供正确科学的方向。恩格斯认为："马克思的整个世界观不是教义，而是方法。"[1] 实践性是马克思主义最鲜明的特点，其最终目的是改变世界，而不是解释世界。因此，针对文化育人工作中暴露的新现象与新问题，水利特色院校应始终坚持以马克思主义为指导，创新文化育人方式，传播新兴育人理念，确保学生在做到读懂马克思主义的同时，又能践行马克思主义。坚持马克思主义就是坚定对马克思主义的文化自信，要求做马克思主义的研究者要自信。因此，水利特色院校应重视培养一批马克思主义信仰者、实践者和传播者，培养一批立场坚定、功底扎实、"在马言马"的马克思主义学者，推进马克思主义理论一级学科建设，为受教育者成长成才奠定坚实的学科基础、理论基础和队伍基础。

---

[1] 中共中央马克思恩格斯列宁斯大林著作编译局. 马克思恩格斯文集（第10卷）[M]. 北京：人民出版社，2009：691.

（二）坚持党的领导

水利特色院校文化育人工作必须坚持党的领导，党的积极领导是水利特色院校文化育人工作始终坚持的方向和根本保证，由此建立文化育人机制的强大基础，确定水利特色院校文化育人工作的方向与目标。党的领导事关高校教育目标的确立，是水利特色院校文化育人的立身之本。因此，高校无论是在文化育人机制构建之前还是构建之中，都必须以坚持党的领导为基本原则。马克思说："如果从观念上来考察，那么一定的意识形态的解体足以使整个时代覆灭。"● 以苏联为例，意识形态的瓦解是政权覆灭的原因之一。作为意识形态话语权的重要资源，文化具有知识的力量，是水利特色院校生存与发展的内在力量支撑。

当前国际形势纷繁复杂，西方意识形态的渗透对我国高校文化造成了不小的冲击，使得部分大学生常常处于迷茫状态，出现价值观念不断变化的情况。因此，为了推进意识形态教育，水利特色院校必须始终坚持党对意识形态工作的全面领导，把好学生的意识形态这一难关，教育学生在价值观念、理想信念、道德理念方面紧紧向党中央靠拢。意识形态工作是党的一项极端重要的工作。水利特色院校意识形态教育作为文化的一种，除了在课堂上不断巩固其重要性之外，还需要将意识形态教育渗入工作与生活中，使之日常化，以多种多样的方式方法推动社会主义主流意识形态进课堂、进教材、进头脑，同时也要进社团、进宿舍、进食堂等，营造意识形态教育的良好氛围。水利特色院校文化育人工作必须坚持正确的政治方向与政治路线，牢固树立阵地意识，加强社会主义意识形态建设，坚持党的全面领导与社会主义发展方向。从文化内容上看，坚持用中华优秀传统文化、红色文化、社会主义先进文化厚植爱国主义情怀，提升民族自尊心与自豪感，积极培育以改革创新为核心的时代精神和以爱国主义为核心的民族精神。在坚持党的领导这个重大原则问题上，脑子要特别清醒、眼睛要特别明亮、立场要特别坚定，绝不能有任何含糊和动摇。总而言之，水利特色院校在文化育人机制的构建中必须不断加强党对意识形态的领导权，这一点无论对于水利特色院校还是受教育者都十分重要。

（三）坚持立德树人根本任务

我们党历来就重视落实立德树人这一工作。党的十九大提出要加强落实"立德树人"这一根本任务，为高校指明了发展方向与发展道路。立德树人是高校的立身之本，也是高校育人工作的中心环节。在高校教育体系中，"立德"既是育人的方法，又与"树人"共同构成了教育的根本使命，两者是"育人为本、德育为先"的高度概括。

立德是树人的基础与前提条件，高校的教育必须坚持以德为先。"我们的用人标准为什么是德才兼备、以德为先，因为德是首要、是方向，一个人只有明大德、守公德、严私德，其才方能用得其所。"❷ "大德"，即培养大学生的国家大德。在新时代背景下，"大德"要求高校注重培养拥有爱国主义情怀的人，坚定社会主义和共产主义信念，注重中华民族整体利益，督促大学生养成勇于承担责任与使命的决心，立志为民族的前途、国家的未来贡献自己的一份力量。"公德"，即培养大学生的社会公德。近代意义上的"公德"，

---

❶ 中共中央编译局. 马克思恩格斯全集（第 30 卷）［M］. 北京：人民出版社，1995：539.
❷ 中央文献研究室. 习近平谈治国理政（第一卷）［M］. 北京：外文出版社，2018：173.

最早由梁启超在《论公德》一文中提出，"人人相善其群者谓之公德"❶。公德是存在于社会关系中的道德，指向他人、群体与社团组织等，是每个公民必须履行的责任与义务，也是必须遵守的行为准则。人生活在社会生活中，在公众场合所表现的道德品质谓之"公德"，这是公共观念的体现，其中最核心的就是要牢固树立为人民服务的思想。"私德"，即关注大学生个体的道德品德，寻求大学生的人格完善，是大学生在处理婚姻关系、家庭关系、朋友关系，以及面对个人利益与集体利益矛盾时所遵循的行为规范。"严私德"要求高校警戒大学生遵循道德底线，强调道德践履，追求理想人格。

树人是立德的目的和最终归宿，高校教育必须坚持以人为本。"树人"即培养什么样的人，这是教育的首要问题。高校始终以习近平新时代中国特色社会主义思想为指导，树立德才兼备、以德为先的意识，培养学生的创新能力与开拓精神，引导学生做不忘初心、信仰坚定之人。首先，水利特色院校应注重培养学生的爱国主义情怀，构建多主体、多层次交互联动的爱国主义教育机制，在文化育人的过程中贯穿爱国主义教育内容，引导教育者将爱国主义与课程教育相结合，力争把爱国主义的情感转化为以身报国的生动实践。其次，水利特色院校在树人的过程中要注重凸显学生主体地位，一切文化活动都要围绕"大学生"这一主体展开，以全面发展为人才培养的主要目标，增强大学生的创新意识、大局意识、批判意识。

二、充实水利特色院校文化育人内容

（一）突出党建文化引领

高校党建文化属于意识形态范畴，具有高校特征、政党特征与文化特征。作为党领导下的学校，水利特色院校肩负着为国家培养高素质人才的重要任务，因此要发挥党建文化作用以全面贯彻落实党的方针政策与文化理论，为文化育人提供思想保障与组织保障，强化党建文化在水利特色院校文化建设中的引领作用。

首先，全面落实党委领导下的校长负责制。《中国共产党普通高等学校基层党组织工作条例》规定：我国高等教育实行党委领导下的校长负责制的领导体制，确立了党委在高校建设中的领导地位，以及校长在高校中的重要作用。在这一领导体制下，校党委作为实现党对高校领导的有效形式，既是领导核心，又是政治核心。水利特色院校党建工作应坚持党委的统一领导，发挥党委在文化育人中的领导核心作用。抓好水利特色院校党建工作，就要抓好水利特色院校党委这一领导班子建设，重要问题由党委集体决策。校长作为学校的代表，在职责范围内有一定决策权和建议权，负责组织实施学校的教学科研活动和日常管理，带领全校师生在长期的实践中逐步形成本校的办学特色、校风学风、精神面貌等。抓好党建文化，必须坚持党委领导下的校长负责制，在坚持校党委统一领导的前提下，发挥校长在教学科研、行政管理中的作用。

其次，切实发挥学生党支部的战斗堡垒作用。学生党支部作为基层党组织的重要组成部分，具有自己的责任与使命，是党在水利特色院校中工作和战斗力的基础，搭建了党和大学生沟通的重要桥梁，承担了将党和国家重要方针落实到高校的重要职责。在水利特色院校，学生党支部更是文化育人的重要主体，既要做好学生的发展工作，又要围绕立德树

---

❶ 梁启超著，陈书良选编. 梁启超文集［M］. 北京：北京燕山出版社，2000：157.

人目标为水利特色院校育人奠定基础。学生党支部要积极贯彻落实党的基本路线与大政方针，围绕"立德树人"这一根本任务，及时了解学生群体的思想状况与生活状况，对大学生进行思想行动指导，做好政治素养和道德品质的"指导员"，在服务育人、实践育人、管理育人与文化育人中发挥战斗堡垒作用。

最后，促进党史文化学习常态化。历史是最好的教科书，党史是最好的营养剂，党史文化具有"以史鉴今，以史育人"的重要作用，为水利特色院校党建工作注入了能量与动力。2021年2月，中共中央印发《关于在全党开展党史学习教育的通知》，要求各单位深入开展党史学习教育，实现学史明理、学史增信、学史崇德、学史力行，就党史文化学习作出系统部署。水利特色院校作为党建工作的重要阵地，要充分利用党史文化，加强对党史、新中国史、改革开放史、社会主义发展史的学习，将学习成果转化为提升思想境界、道德素质、党性修养的重要推手。各水利特色院校应充分挖掘当地党史资源和本校红色文化资源，将党史教育与当地特色结合起来，激发学生情感共鸣。学习党史文化，就应该激发大学生学习党史文化的主动性，以思想政治教育、课堂教学、社会实践等方式积极引导大学生在组织上向党组织靠拢，通过创新水利特色院校党课教育内容与管理模式，增加学生学习兴趣，逐步提高党史生动性与理论性，避免传统党课的单一化与形式化。

（二）提升网络文化质量

校园网络文化是以校园文化为基础，以信息技术为载体，以校园师生员工为主体，以育人为主要价值的一种存在于校园内部的亚文化形态。可以说校园网络文化是网络快速普及到校园这一领域后与校园文化结合而催生的一种新型文化形态，是校园文化在互联网空间的延伸与发展，涉及校园师生生活、工作、学习、思想等方方面面。大学生作为接受力强、走在时代前沿的年轻群体，早已将互联网看作新兴的人类生活空间，在生活的方方面面充分享受并利用网络带来的便利，他们运用互联网进行学习、交流、工作、科研、资料传输、文化创造等活动。随着网络的不断发展与普及，网络文化在通信、娱乐、教育、商业等领域逐渐形成与完善，源源不断地创造出物质文化财富与精神文明财富。

首先，充分利用互联网开展文化建设工作。作为校园网的管理者与建设者，水利特色院校应通过计算机网络实现校园网在学校范围内的充分连接，实现校内资源与校外资源的整合交换，在此基础上向国内、国际互联网靠近，提高校园文化的开放性与时代性。网络管理员要加强软件资源的建设，如服务与管理软件、教育资源库、虚拟教室、虚拟图书馆、虚拟实验室等，将教育教学系统、科研系统、服务系统、行政管理系统等校园内的信息充分连接，实现信息交换与信息共享，让软件资源成为校园网充分发挥作用的保证。新时代大学生的生活、学习、思想已经与网络息息相关，水利特色院校文化育人机制的构建要切实提高实效，就必须将网络手段科学合理地纳入机制建设之中。

其次，注重校园网设施建设。拥有完善先进的校园硬件设施是运用互联网开展工作的前提，有利于提升校园网络文化质量。校园网的建设应考虑生活需要和教学需要，做到既着重于教学目标，又服务于学生发展。对于无法满足学生和教师需要的网络硬件设施，应及时进行更新和调整，包括交换器、路由器、网卡、网络线缆、服务器、交换机等。校园网的管理应由校级主管机构进行统筹协调，各部门分工负责，积极吸纳学院二级机构、党团组织干部、系统负责人到网络管理队伍和服务队伍中来，并注重提高该队伍的职业素质和网络技能培养。利用校园网对网点 IP 进行管理与监控，对于不符合社会主义主流文化的网络内容，应采取鉴别、检测、删除、解释等措施，防止其在学校的肆意传播，以免危害和谐校园的建设。当前，水利特色院校无论是教学还是学生发展，都与校园网建设息息相关。

最后，加强网络阵地建设。一是要加强图书馆自建数据库建设。有学者将图书馆自建数据库总结为七种不同的类型，即论文库、学科专业、地域特色、特色馆藏、综合资源、名人特藏和其他。图书馆数据库应充分考虑到学校教学要求和学生学习要求，增强建库意识，完善自建库的建设标准，提高数据库的稳定性和丰富性，以为本校的文化发展提供良好的资源服务。二是实现方式方法的创新。方式方法的创新有利于促进网络新阵地功能的发挥，水利特色院校应充分利用微信、微博、微视频、网站打造新媒体网络平台，改变网络内容以往形式单一的刻板形象，注重校园文化意蕴的深刻性、标题的生动性、语言的感染性、内容的教育性，以学生喜闻乐见的方式进行文化理论宣传与社会主义核心价值观建设。三是建立健全网络信息平台。校园网络文化的建设离不开网络信息平台，良好的网络信息平台有利于保障大学生网络虚拟群体的健康发展，促进水利特色院校文化的稳定建设。水利特色院校应建立专门发布学校文化信息的平台，积极开发更多综合性门户网站与主题性教育网站，确保学生可以随时登录系统，浏览相关策划方案、实施过程、实施结果等，参与活动并和他人主动学习交流，利用文字和图片进行评论互动，扩大学生参与范围。

（三）打造品牌文化特色

水利特色院校应通过充分挖掘文化建设过程中积淀的文化底蕴，赋予该文化丰富而深刻的品牌文化内涵，对品牌文化进行角色定位，利用内外两条传播途径进行品牌宣传，让校内外师生甚至普通大众从精神上对品牌产生高度认同感，形成该品牌特有的文化氛围，并不断扩大其影响力。

首先，挖掘学校特色，凝练文化品牌。水利特色院校品牌文化通常是根据文化底蕴、特色专业、学科优势、重大事件等，在固定时间开展的、影响较大的文化活动，是水利特色院校精神的凝练与文化内涵的体现。目前，水利特色院校品牌文化活动大致可以分为历史传统类、校史文化类、理论类、学科特色类等类型。如何通过品牌塑造与品牌推广提高水利特色院校文化育人的作用，对于不同水利特色院校来说做法也是不同的。某些水利特色院校推出的文化品牌能够在全国范围内做大做强，为其他水利特色院校提供思路借鉴，也有一些水利特色院校推出的文化品牌无法实现预期目标。因此，水利特色院校应在坚持立德树人这一根本目标的基础上，结合本校文化育人工作的实际情况，挖掘本地文化特色，充分发挥地域优势、学校优势、环境优势、政策优势、师资优势等，树立品牌意识，探索适合本校的文化品牌建设路径，为他校提供路径探索与思路借鉴。

其次，借鉴整合营销思想，传播大学特色品牌。"品牌"这一概念多用于经济领域，是销售者向消费者提供的特定而长期的利益服务。美国营销学者菲利普·科特勒认为，比起付费制作一则广告，让产品或者服务成为大众媒体讨论的话题更加重要。水利特色院校品牌文化由于其特殊性，无法像普通广告一样在荧屏上十分活跃，但却能整合借鉴营销思想，进行品牌传播，扩大其知名度和美誉度。水利特色院校品牌文化决不能发展成受时间空间限制的闭合传播,相反,应结合线下、线上扩充传播渠道,让全校师生加入宣传队伍之中,提高微信公众号、微博、抖音短视频的影响力,利用一切学校资源实现大面积的口碑宣传。同时,注重选择流量更大、覆盖范围更广、权威性更高的新闻媒体,提高社会关注度和信任度。为加大品牌文化推广,水利特色院校还可以借助校庆、学术交流、表彰大会等活动,邀请国内外师生以及社会大众共同参与活动的举办。水利特色院校文化品牌的传播是一种整合传播,而不是单一传播。水利特色院校应综合运用传播工具,开发更多媒介资源,将品牌文化的内涵与外延传递给外界,尽可能提高社会大众对品牌文化的忠诚度、赞誉度与认同度。

最后,找准品牌定位,确定品牌目标。品牌文化的建设具有自己内在的规律,在品牌文化的打造前应进行市场调研,结合水利特色院校本身的文化特点与品牌建设的优势,借鉴其他高校优秀品牌的发展经验,对品牌的受众定位进行深度分析,在多种多样的高校品牌中找准自己的位置,分析品牌文化在建设的过程中可能遇到的机遇与挑战。在调研的基础上完成品牌的规划,包括主题、目标、途径、风险预警等,确保规划的科学合理,力争使品牌建设与学校整体发展相一致。当品牌开始运行后,要根据时代的变化与学校的发展不断加入新的内容,紧跟时代前进的步伐,与时俱进地规划品牌,创新品牌特色。

(四)发挥校史文化功能

大学校史文化是在特定的历史环境和条件下,大学经年累月所形成的一种独特思维方式和行为方式,并具有很强的传承性、传播性、辐射性和教化性的大学文化。校史文化是"校史"与"文化"的结合,是学校在办学实践中传承的文化链条,包括一切物质产品与非物质产品。作为学校文化的一种,校史文化在水利特色院校文化育人过程中发挥着不可替代的作用,充分挖掘并合理开发宝贵的校史文化资源,能够使水利特色院校文化育人保障机制更加现实化与立体化,有利于提高校园范围内受教育者的文化认同感,提升文化自信,进而增强爱国爱校的意识,为其他高校树立校史文化育人典型。

首先,挖掘校史文化内容,编撰校史文献。首先就需要重视校史的收集和整理工作,在挖掘与收集的基础上,加强整理和研究,以某一历史事件为契机,将办学实践凝练成特属于本校的精神,既为今人提供精神动力和力量源泉,又为后人提供警醒。水利特色院校应充分动员各部门与各院系单位对校史资源进行收集、研究与撰写,通过查阅现有文献、走访调查等,对学校历史加以概括和总结,体现其中的发展规律与育人规律。作为一种文献资料,校史最重要的功能就是记录学校的历史沿革,但在这个过程中,并不是所有的校史都可以实现育人功能的,这就需要校史编撰者注意筛选。要注意的是,校史文献的撰写需要加强实证研究,真实展现本校发展的客观历史,同时兼顾时代性,结合时代变迁体现发展与变化。从当下来说,用于文化育人的校史文献要尽可能融入社会主义核心价值观,并激发学生对学校的文化认同感与归属感。

其次,建立校史文化育人基地。校史馆是展现学校发展历史、挖掘学校办学实践、记录不同时期学校办学风貌的重要场所,可以说,校史馆就是学校的编年史。校史馆是人文教育和学生德育的育人基地,能把学校的历史系统立体地呈现给受教育者,向校内外师生展示本校文化传统与荣誉精粹。校史馆的建立需要注意以下问题。一是在有限的空间内陈列无限增加的内容,这并不是扩充空间就可以解决的问题,相反,需要学校在设计时把控内容展示与情感展示的结合。二是充分发挥校史馆作用的问题。校史馆的建立如果能对本校学生进行校史与情感教育固然值得赞扬，但却未能将校史馆的作用发挥到极致。校史馆作为集办学特色、发展历程、文化底蕴于一体的场馆，还应承担起对外的参观与访问等活动，承担起会议接待、社会实践等工作，扩大影响力，为其他学校校史馆的建立提供范本。三是实现校史馆功能的再开发。校史馆就是水利特色院校开展文化育人工作的现成场地，校史馆负责人可以联合团委或各学生社团举办馆内知识竞赛，提高校史知识的普及率；通过讲述馆内不同陈列品的故事，增强学生对校史文化的兴趣；以馆内拥有的不同文献资料为基础，联系各院系进行学术科研活动等，这都是水利特色院校校史馆育人功能再开发的实现路径。

（五）注重社团文化熏染

水利特色院校社团就是由具有相同兴趣爱好、为实现团内成员的共同意愿，在学校的指导下按照一定章程开展活动的群众性学生组织，其主体是学生。按照创办目的和活动性质，学生社团可以分为理论研究类社团、专业学习类社团、文学艺术类社团、社会服务类社团等。《教育大辞典》中提出，学生社团是由兴趣爱好相近的学生自愿结成的与文化、艺术、学术等有关的团体，在此过程中弱化了年级、专业甚至学校的界限。社团文化作为一种独特的高校亚文化，在建设的过程中始终坚持以马克思主义为指导，保持方向与立场不动摇，活动目的围绕"立德树人"这一根本任务展开，在全体成员的共同合作下向师生展示本社团的价值理念和行为特质。大学生社团是水利特色院校文化育人的实践高地，我们应加强社团文化培育，只有作为社团主体的大学生们丰富社团的实际运作与文化传播，才能塑造和建设优秀的社团文化，充分发挥社团文化的育人功能。

首先，完善社团文化规划。规划是引领，是发展路标，水利特色院校社团文化建设必须重规划、重策划。社团文化的规划是一个从内化到外化的过程。第一阶段，社团文化通过不同方式将该社团所具有的文化内涵与文化表征传播给大学生，形成大学生对社团文化的初步认识。第二阶段，大学生在对社团文化感性认识的基础上，经过文化的反思与选择，对社团文化产生情感与共鸣。第三阶段，大学生积极参加社团主办或承办的活动，认真践行社团文化的要求，传播社团文化理念，扩大社团文化影响力，推动社团文化的成熟与发展。对于一些艺术类、运动类、竞技类、管理类社团，更需要在培养学生技能、管理学生工作、组织学生训练中进行理论的转化与实践的检验。对于一些理论引领型的社团，则需要关注社团文化在精神层面的践履，使社团成员在潜移默化之中感受社团文化的精神实质，增强文化认同感与共鸣感。

其次，完善社团宗旨与形象标识。社团的宗旨和形象是社团文化的直观展现，体现了社团组织的对外形象和精神内核，影响着社团的活动理念和成员的思维方式。社团组织应依据自身特色和社团目标，明确社团的办社宗旨和发展理念，完善社团组织制度和理论体系，设计独一无二的社团标识，充实社团对外形象。一方面，在社团内部，要提高社团成员对社团文化的认同感和共识感，强化对社团的文化自信与文化自觉，以社团文化引领社团成员和社团活动，提高社团的聚合力和向心力，做到全社成员心往一处想、劲往一处使。另一方面，在社团发展上，社团成员要有长远的眼光和开阔的视野，不断丰富和完善社团活动的内涵，提高社团活动质量，打造品牌活动优势，以良好的形象展示给大学生，推动水利特色院校大学生对社团宗旨、形象、理念给予充分的关注和信任。

最后，加强社团组织的人才培养。社团文化是以社团组织和社团成员为主体创造的文化，正是因为有了优秀的社团人才，才能培育和创造优秀的社团文化，这是社团文化构建的核心与基础，同时也是社团文化繁荣发展的重要因素。可以说，社团文化创建的重要保证就是优秀的社团负责人与社团骨干。因此，要想保证社团文化发挥文化育人的作用，就必须加强对社团成员的培养和支持，不断提升社团成员的思想道德素质和科学文化素养，以优秀的社团成员保证社团文化得以朝着健康、稳定的方向发展。在社团成员的选拔上，要选择思想积极向上、工作认真负责、进取心强、善于学习和组织的大学生。在社团成员的培养中，应加强培训和指导，不断发展其思想道德素质和业务素质，增强他们参与活动时的创新性和主动性，坚持社团文化的塑造与社团成员的发展相统一。在社团管理队伍的建立中，应培养社团管理队伍的责任感和主体意识，强化社团管理部门作为社团组织管理者、协调者的能力。

三、优化水利特色院校文化育人运行

（一）重视育人主体建设

文化育人的基本要素之一是育人主体，指通过教育手段，以引导教育对象朝着社会要求的方向发展为目的，进行育人活动的行为者。水利特色院校文化育人的实施主体主要是教育者，既包括具有教育功能的组织，又包括组织中的个人和多人组成的群体。在文化育人过程中，育人主体以落实"立德树人"为根本目的，以社会主义办学为方向，在坚持党的领导下，按照特定的目标设计、组织和主导文化育人活动，在文化育人中融入社会要求，于潜移默化之中将文化所蕴含的价值观念传播给受教育者，增强受教育者对社会主义主流文化的认同。

首先，建立一支专职文化教育队伍。在水利特色院校中，教育者主要由从事教育活动的教师和从事教学管理活动的管理者组成，他们是文化育人活动中的设计者和组织者，同时也是发起者和主导者。水利特色院校文化育人的教育者应该包括以党政领导和学校干部为代表的管理决策队伍，以辅导员为代表的学生辅导队伍，以思想政治理论课和哲学社会科学课教师为代表的教师队伍，以班主任、心理健康教育工作者、校园网络管理人员为代表的兼职工作队伍等。育人主体在文化育人过程中的功能主要是价值引导功能，即教育者在思想政治教育实施过程中发挥其主导作用方面表现出来的积极属性。具体表现在三个方面：一是设计、组织、发起和主导文化育人活动；二是采取多样化措施充分调动受教育者参与文化活动的主动性与积极性；三是引导受教育者的思想道德素质朝着社会要求的方向发展。

其次，学校应加强对教育者的引导和培训。教育者的自身素质高低对文化育人实效性有着重要影响，但素质的高低并不是一成不变的，水利特色院校可以通过引导和培训提升教育者的综合素质。一是要提升教育者的政治素养。学校应引导教育者坚定共产主义理想信念，在思想上保持高度清醒，主动向党中央看齐，自觉做到对党的绝对忠诚，用习近平新时代中国特色社会主义思想武装头脑，增强"四个意识"，推进"两学一做"，坚定中国特色社会主义道路自信、理论自信、制度自信、文化自信。二是要提升教育者的职业道德素养。学校应加强师德师风建设，引导教育者坚持教书与育人相统一、学术研究与师德培

养相统一，在情感上坚持爱教、爱校、爱学生，态度上认真负责。三是加强文化知识修养。除了提供必要的文化环境，水利特色院校还应该搭建提供优质文化资源的学习平台，引导教育者树立正确的历史观和文化观。

最后，教育者应明确对受教育者进行价值引导的基本要求。文化育人关注思想文化的引领，即正面的指引和指导，这强调了教育者对受教育者的引导作用。水利特色院校文化教育者作为大学生成长成才道路上的重要引领者和教化者，在培养人的基础上引导大学生进行价值认知、价值选择、价值实现，在文化育人过程中发挥着价值引导的作用，担负着价值引导的使命。这需要教育者达到价值引导的一定要求。一是要形成正确的价值认知。"师者，所以传道授业解惑也"，教育者首先要明道，对自身在文化育人中扮演的角色、承担的使命、发挥的价值与作用有深刻且正确的认识，对"培养什么样的人、怎么培养人、为谁培养人"这一问题作出令社会满意的回答。二是要有坚定的价值立场。首要的就是坚持马克思列宁主义、毛泽东思想、中国特色社会主义理论体系、习近平新时代中国特色社会主义思想，坚持党的领导与社会主义办学方向，坚持"立德树人"这一根本任务，将自身存在与人才培养、社会发展进步紧密结合起来。三是要有良好的价值行为表现。行为表现与价值认知、价值情感、价值意志息息相关。教育者在拥有正确的价值认知与践行价值立场的基础上，会有与之相对应的价值表现，榜样的力量永远是强大的，这比单向的理论课来得更有说服力，也更具影响性。

（二）加强校园环境建设

苏联教育家苏霍姆林斯基曾说："在学校应该让每堵墙都说话。"[1] 这表达了校园文化环境的重要性。涂又光先生在"泡菜理论"中同样表达了这一看法，他认为泡菜味道的好坏取决于泡菜汁，而校园文化环境的好坏影响着学生的精神风貌与行为举止。[2] 健康良好的校园文化环境可以造就人，落后衰弱的文化环境也可以毁灭人。校园文化环境建设，就是将"文"的意蕴融入到水利特色院校环境建设之中，体现人们的某些思想与情感，使水利特色院校一草一木、一砖一瓦都体现文化的价值观念、思想理念，使文化的影响无时不在，无处不有，潜移默化之中让大学生接受优秀文化的洗礼。校园文化环境是高校文化主体在劳动过程中创造的物质环境与精神环境的总和，反过来又对作为文化客体的受教育者产生积极的影响。一个水利特色院校的历史人文风情往往最直观地体现在校园环境中，折射出学校的历史底蕴与文化积淀，能做到熏陶人和感染人。水利特色院校文化环境中看得见、摸得着、有形的这一部分文化形态，作为水利特色院校文化的"外壳"，为学校文化的存在与发展奠定了物质基础；水利特色院校文化环境中摸不着、看不见、无形的这一部分文化，作为学校文化的"内核"载体，体现着学校的教育理念、思想观念、精神传承等。水利特色院校文化环境一般是通过校园环境、特色标识、文化设施等来展现的，主要包括校园建筑、学校空间格局、园林艺术设计、休闲运动场所、雕塑景观、宣传栏布局等。

通过物质文化建设展现高校文化底蕴。水利特色院校物质文化可以分为两大类：一是

---

❶ 韩明涛. 大学文化建设 [M]. 济南：山东人民出版社，2006：231.

❷ 欧阳康. 大学·文化·人生 [M]. 武汉：武汉科技大学出版社，2008：41.

环境文化，如学校地理位置、学校总体布局、学校建设风格、学校绿化、教育场所、人文雕塑、环境卫生等；二是设施文化，包括教学设备、实验室设备、办公设备、图书设备、保障设施、媒介设施等。校园物质景观为文化育人提供有利载体，无论是山、水、园林、建筑、路名，都具有审美和教育功能。发挥校园物质文化作用，一是要借助学校建筑、地名、园林景观、基础设施等展现正确的价值取向，为文化育人营造良好的文化氛围。如校园内的鲁迅像，表现了文学家们心中的浩然正气，有利于激发学生心中的民族精神；如"致知路""学子路""博学路"等路名，"明俊楼""雅文楼""逸夫楼"等建筑名，展示了我国博大精深的优秀传统文化，让师生不自觉感受到文化的陶冶。二是坚持因地制宜、因时制宜。水利特色院校位于不同地域，具有不同历史发展轨迹和文化传统，校园文化景观的打造要因地制宜、因时制宜，体现本校文化特色，陶冶大学生的性情和美好情操，避免千篇一律和一味复制，丢失本地文化的"魂"。三是在建设设施中融入文化元素。水利特色院校在教学楼、图书馆、实验室、食堂、宿舍等建筑的设计上，应加入文化元素。教学楼是学生上课和教师授课的主要场所，应结合学校特有典故和文化传统，突出简约、舒适、艺术性的特点，以达到美化校园环境、提高学生审美水平的作用。图书馆、实验楼属于学生的自学区域，要充分考虑到卫生条件和采光设计，尽可能突出该建筑的功能属性。食堂、宿舍属于大学生的生活区，应尽可能满足学生需求，突出应用性强的特点，营造温馨自然的食堂文化和宿舍文化。

（三）加强精神文化建设

通过精神文化建设实现高校思想引领。精神文化是一所学校意识活动、文化信仰的集中反映，彰显了本校的理想信念、职业理想、办学方向等，蕴含在校园文化主客体的行为举止之中。水利特色院校精神文化作为代表学校形象的重要一环，通过向校内全体师生和校外社会大众不断展示宣传，传播了高校的价值指向与发展目标。独具特色的精神文化，无疑能增加学校的美誉度和知名度，充分体现学校的审美与追求，既能无形中规范广大师生的行为举止，同时也能增加学生的自豪感与荣誉感。通过精神文化建设实现学校思想引领，首要的就是加强校训、校歌、校徽建设。校训代表着学校的办学理念与治学精神，引领学校的前进方向与发展标尺，是学校校风、学风和教风的集中体现。校歌作为校园文化的重要组成部分，对内起着号召与励志作用，对外起着展示与宣传作用，既培养了学生的归属感与自豪感，又传递出高校的风骨与气质。校徽是一所学校的象征与标志，是学校品牌形象的核心元素，作为学校理念的直观展现方式，校徽有利于加强学生的行为规范，是学校形象建设不可或缺的元素之一。此外，水利特色院校还可以通过将形象标识印制在公共用品之中，统一规范学校办公用品的规格和标识，如带有校徽和校训的笔记本、雨伞、钢笔、桌椅等，在提升学校整体形象的同时也能起到传播学校办学特色的作用。

第六章

新时代水利特色院校文化育人的创新路径

新时代水利特色院校文化育人要坚持问题导向，充分研究和把握水利人才培养面临的主要问题和挑战，遵循马克思主义有关文化育人的方法原则，以习近平总书记关于文化育人的重要论述为指导，聚焦立德树人根本任务，突出价值引领，发挥中国特色社会主义文化的育人优势，加强中国特色社会主义文化安全教育，创新文化育人载体，创新文化育人方法，构建协同育人机制，完善文化育人效果，致力于把水利特色院校建设成为滋养师生心灵、涵育师生品行、引领社会风尚的社会主义精神文明高地。

第一节 创新文化育人载体

一、培育水利特色院校自主文化品牌

培育水利特色院校文化品牌旨在发挥品牌强大的影响力和吸引力，以文化品牌为整合的形式，通过整合水利特色院校内部各种文化育人载体的优势，实现水利特色院校内各种文化育人载体的协同育人。

首先，要找准文化品牌的定位。学校要打造自己的文化特色和学校优势，找准文化品牌的定位就是要依据各个学校的特点，发挥其优势，结合育人目标，选择合适的品牌项目。找准文化品牌的定位，学校优势加育人目标缺一不可，同时也要关注文化品牌受众的学科背景、兴趣爱好和心理需求。

其次，推进文化品牌的项目化运作。文化品牌成立后需要通过项目运作实现文化品牌的预期效果，这就需要选择和整合校内的文化育人载体，充分发挥不同载体的文化育人优势。社团载体是传统的培育水利特色院校文化品牌的载体，众多文化品牌的活动项目都是在校团委的指导下，由各学生社团自主或联合举办，整合不同类型的社团载体能更好地推进文化品牌的运作，实现不同社团载体的协同文化育人。比如国内很多水利特色院校都有的校园艺术节，是面向全体校内学生的艺术盛宴。打造艺术节文化品牌，就是要联合不同类型社团的优势，调动各种类型的学生社团积极参与，包括文艺型社团如戏剧社、舞蹈社等为学生提供艺术的熏陶，志愿服务型社团为艺术节提供志愿服务，弘扬志愿精神等。除了整合同一载体下的不同载体类型，也可以整合不同形式的载体。

最后，要进行文化品牌的推广，扩大文化品牌的影响力，以此实现更广泛、更深入的

文化育人效果。成立校园文化品牌的关键是为了服务于学校的文化育人工作，因此要改变过去专注于校外文化品牌推广的局面，做大做强校内文化品牌后再进行校外品牌推广。必须将校内推广放在文化品牌推广第一位置，要综合运用各种文化育人载体增强对学生的吸引力，整合各种类型的网络载体，达到全方位的推广效果。

二、共享水利特色院校文化育人资源

共享水利特色院校文化资源就是指各水利特色院校秉承开放、共享的理念，彼此分享文化资源，并进行文化资源的重组和整合，实现联动式文化育人。在"互联网＋"的时代，水利特色院校文化资源的共享也不再局限于邻近区域内，而实现了更广泛、更深入的共享。

第一，共享水利特色院校学术文化资源，即水利特色院校间共享课堂载体。不同水利特色院校由于历史传统和学科发展重点的不同，使课堂载体具有独特性，但水利特色院校具有相同的文化育人的根本目标，因此共享课堂载体既可以使学生接触不同的学术氛围，又能加强水利特色院校间的育人合力。水利特色院校之间课堂载体的共享主要分为流动式共享和云端式共享。流动式共享是指学校通过网络选课、跨校上课的形式开放课堂，学生可根据自己的专业需求和兴趣爱好选择水利特色院校的课程。流动式共享能使学生既感受其他水利特色院校的课堂文化，也能在校园文化环境中感受到这所学校的校园文化。云端式共享需要运用网络载体，整合网络载体和课堂载体，开发网络教学平台，通过线下录制精品课堂实现网络传播。

第二，共享水利特色院校社团文化资源，即水利特色院校共建社团载体。社团载体是水利特色院校文化育人载体中最活跃的载体，也是水利特色院校学生间互动性最强、包容性最高的文化育人载体。水利特色院校共建社团载体，必须加强水利特色院校社团交流机制建设，首先要明确目标机制，水利特色院校间社团交流的目的是实现校园社团间的强强联合，使优秀的社团文化影响更多学校的学生，在社团交流的目标定位上保证其为水利特色院校文化育人目标服务。其次要强化管理机制，要使校际间的社团交流在各学校团委的联合的指导下开展，并培养优秀的学生干部和社团干部作为校际社团交流的执行者。最后要建立保障机制，为学校间的社团交流提供资金、制度、资源等的保障。

第三，共享水利特色院校历史文化资源，即水利特色院校间共享校园历史文化载体。共享校园历史文化是基于共同的区域文化。校园历史文化是一个城市，一个地区的缩影。共享校园历史文化载体，就是要秉承开放理念，实现校园间的互通有无。

三、拓展校外文化育人载体

随着信息和交通越来越便捷，水利特色院校文化育人不再局限于学校这一地理范围内，通过水利特色院校组织牵头，社会力量配合，拓展校外文化基地，利用社会文化资源，能够实现学校与社会共同育人。

第一，水利特色院校要充分利用校外的历史文化遗址、纪念馆、博物馆等文化育人载体，通过水利特色院校有计划的组织学生参观、体验，使学生感受文化的熏陶，增强学生对历史文化学习的兴趣，同时也鼓励学生加入志愿讲解员的队伍，既能帮助学生更深入地学习历史文化知识，提高文化素养，又能够培养学生的奉献精神。

第二，水利特色院校要充分利用各类教育基地，如"德育基地""爱国主义教育基地"

"红色教育基地"等。教育基地一般是由地方政府负责建设的面向青少年的主题教育场所，通过体验教学、互动教学、现场教学、专题教学等教学方式，使学生更深入地感受红色文化，在教学、讲解中增加对红色文化的了解，在浸入式的体验中提高对红色文化的认同度，并与学校的红色文化教育协同运作，从而实现学生爱国热情的提高，担当精神的增强。

第三，水利特色院校要充分利用本地举办的各类地区性、国家性和国际性盛会，通过校内志愿服务型社团的组织引导，鼓励学生积极参与各类会议、赛事的志愿服务，尤其是大型的国际性盛会，如奥运会、亚运会、青运会等，展现了中国作为正在崛起的大国的风范，体现了中国友好、开放、包容的文化氛围，学生在参与志愿服务的过程中既能培育志愿者精神，又能深刻感受中国的发展和国际地位的提高，增强爱国热情和奋斗激情。

四、拓展水利特色院校文化育人载体建设

所谓水利特色院校文化育人载体，是指在水利特色院校文化育人的过程中，能够承载和传播文化育人的相关信息与内容联系文化育人的主体与客体，使两者相互作用的活动形式或物质实体。文化育人载体能够承载和传播文化育人信息，加快信息在主客体之间的有效传递，促使两者发生良性互动。一方面，使受教育者通过载体接受与内化文化育人信息，在提升自我认知的基础上进行亲身体验，做到内化于心、外化于行，实现客体的自我教育，促使客体向主体转化；另一方面，文化育人载体为主体所掌握，有利于教育者及时获知当下文化育人的情况，与受教育者进行有效交流与沟通，加快信息更新与传递。文化载体是水利特色院校文化育人过程中必不可少的媒介要素，既是关联主客体的重要媒介，又为各要素相互作用提供了平台。张耀灿认为，文化载体既能使各要素相互作用，同时还能对各要素之间的协调一致产生影响。❶ 可以说，文化育人活动就是文化主体借助一定文化媒介进行的文化传播活动，它能够将文化育人的主体、客体、环境要素有机地联系在一起，形成水利特色院校文化育人的主渠道、主阵地。

首先，将传统载体与现代载体相结合。从传播学来看，载体就是传播信息符号的物质实体。水利特色院校的传统载体主要是指硬件设施，包括教师活动中心、学生创业活动中心、宣传栏、画廊、广告栏、校园雕塑、校史馆、电子显示屏、体育馆场、广播电台、校报、学报等。随着互联网技术的不断发展，水利特色院校文化的现代媒介也愈加丰富，如虚拟图书馆、电子实验室、电子报刊、电子信息库、微信公众号、抖音短视频、官方微博等。水利特色院校文化育人载体既需要充分发挥传统载体影响力强、强制性高等特点，也需要充分利用现代载体传播速度快、受众广等特点，两者相结合为水利特色院校文化育人提供更多的媒介。

其次，加强文化育人载体的基础设施建设。文化育人载体建设应加强网络平台和文化活动的发展。网络平台指的是以校园网为主体的网站体系和专题网站。从文化活动类载体看，可以从人文素养课程，学术文化讲座，学生课外生活、教师文化活动、精品主题活动等方面进行。文化活动普及面广，参与性强，能够调动更多受教育者参与其中。

最后，充分发挥水文化育人载体的功能。水利特色院校应坚持以水文化和学校精神为

---

❶ 张耀灿，郑永廷. 现代思想政治教育学［M］. 2 版. 北京：人民出版社，2006：411.

主线，梳理治学育人思路，统筹规划校园文化建设，以实施水文化教育、传播、研究等为载体，构建具有鲜明水利行业特色的文化体系。水利特色院校应将"以水育人，以文化人"理念深深植入人才培养全过程，打造水文化育人品牌。将水文化融入文化环境、制度环境、校园景观环境和网络阵地建设，打造多彩的水文化育人大环境，在文化育人过程中发挥可视、可循、可感、可悟的功能，发挥体验、固化、引导、激励的效果，在培养学生新时代职业精神、提升综合素质修养。开设水文化相关课程，结合专业教育开展系列水专题实践活动，对学生进行系统的水文化和水利精神教育。加强水利史研究、水文化遗产普查、水文化交流等学术活动，丰富水文化研究成果，打造特色精品项目，提升校园文化内涵。

第二节　创新文化育人方法

文化育人作为思想政治教育的一种手段，强调以润物细无声的方式，潜移默化地教化人、影响人，具有隐蔽性；强调以文化场力的方式影响人，具有场域性；强调在日常生活实践中养成，具有生活实践性。从这种意义上讲，文化育人的基本方法有三种，即隐性育人法、"场"式育人法、生活养成法。这三种基本方法，都是比较宏观的概念，各自内涵的具体方法都有很多，三者之间既互有交叉，又各有侧重。

一、隐性育人法

隐性育人法就是教育者将思想政治教育信息融于大学生文化活动、日常文化生活或其所处的校园文化环境载体之中，并通过这些文化载体，增强大学生的现实体验，发挥文化的价值渗透、陶冶情操和精神激励作用。隐性育人法作为文化育人的一种基本方法，它不是单一的一个方法，而是一种方法体系。隐性育人的方法主要包括渗透教育法、陶冶教育法和体验教育法。

渗透教育法是"教育者将教育的内容渗透到受教育者可能接触到的一切事物和活动中，潜移默化地对受教育者产生影响的方法"[1]，它教育的方式多种多样，但都必须借助一定的文化载体如文化活动、文化环境、文化生活、大众传媒等来实现育人目的。运用什么样的文化载体及育人方式，比如，是设计生动活泼的文化活动，还是营造轻松和谐的文化环境，是严格文化生活管理规范，还是利用先进的传媒手段，教育者可根据教育目的和教育内容的需要进行选择。同时，运用渗透法育人强调要营造一定的文化氛围，如借助大众传媒的载体，集声音、形象、艺术美感于一体，使大学生在愉悦欣赏的情绪体验中受到感染和熏陶；借助校园文化的载体，营造文明、民主、和谐、向上等良好的校园文化氛围，使大学生置身其中，思想和行为潜移默化地受到同化，等等。运用渗透教育法重在寓教于境，通过文化环境中的文化价值渗透来育人。

陶冶教育法主要是指教育者"通过创设和利用各种有教育意义的环境、情境，对学生进行潜移默化的影响，使学生耳濡目染，在道德、心灵、思想情操等方面受到感染、熏

---

❶ 郑永廷. 思想政治教育方法论［M］. 北京：高等教育出版社，2010（2014 重印）：170.

陶"❶。陶冶教育法强调教育者通过营造一种轻松、愉悦、和谐的文化氛围和教育环境，并用美的形象化和愉悦机制使学生在轻松、愉悦、陶醉的心理状态下接受教育；强调通过情感的调动，激发学生的学习动机、想象力和理解力等。运用陶冶教育的方法，重在寓教于境、寓教于情、寓教于美。要以境陶冶人，通过校园文化环境的艺术性、教育性和具有文化意义的象征性来陶冶性情、激发美感；要以情陶冶人，通过学校领导和教师的人格魅力来激励和陶冶学生，以培养他们健全的个性；以美陶冶人，通过教育教学和环境中一切美的因素陶冶学生的情操。

体验教育法就是通过组织大学生参与各类实践活动，引导他们在亲身经历中获得切身感受，形成深刻理解，并在感受中升华思想认知、形成正确价值观的一种方法。体验教育法强调大学生的主体实践性，强调寓教于行，通过学生积极参与实践活动、亲身接触具体事物、了解事物现象，并透过现象看本质，发现事物的规律，使学生在实践体验中提升自己的思想认识水平和道德实践水平。大学生进行体验的方式有很多，如参与文明班团组织建设、青年志愿者活服务、大学生"三下乡"、劳动锻炼、社会考察等方式，都可使大学生从中受到隐性教育。

要充分发挥文化育人的隐性教育功能，就要立足于渗透教育、陶冶教育和体验教育，积极探索和创新各种具体的隐性教育方法，完善隐性育人的方法体系，以充分发挥各级各类校园文化活动、文化环境及文化生活的渗透和陶冶作用，增强学生的实践体验，进而实现文化育人的隐性教育价值。

二、"场"式育人法

当文化对人产生影响时，它是以"场"的形式存在的。学校作为一种文化组织，实质上就是一种"文化场"。学校文化场是由学风、教风和校风、校园文化和环境、学校师生员工的精神面貌和社会舆论氛围等文化因素共同形成的一种精神力量，这种精神力量作为一种凝聚力、向心力和人们积极进取、奋发向上的动能，时时影响着每一位校园师生，这种精神力量即是文化的"场力"。学校文化场就是以一种综合"场力"的形式释放能量、施教于人的。

具体而言，学校文化场具有激励、感染、凝聚、熏陶、约束和辐射等多方面功能，这些功能的发挥，不是以物体直接接触的方式，而是以辐射或渗透的方式来实现的。这种育人方法我们称之为"场"式育人法。"场"式育人法，就是指学校利用"学校文化场"的凝聚力、向心力和感染力，让大学生从整体上感受大学精神，并从中潜移默化地得到精神激励、自省自悟和行为约束，最终实现以大学精神激励人、感染人，以大学"文化场"的综合"场力"整体育人。"场"式育人法是当代水利特色院校文化育人中不可或缺的一种基本方法。为了增强育人实效、提高人才培养质量，尤其是随着文化全球化的深入发展，这种方法越来越受到水利特色院校的普遍重视。从大学文化建设的兴起到盛行，就可以看出，水利特色院校对学校文化场的构建、对学校文化场力的锻造与提升的重视程度已经是史无空前。

从总体上看，"场"式育人强调"文化场"整体育人，强调通过文化场的辐射力量对

---

❶　谢桂新，张金明. 论陶冶教育的内涵、特点与作用机制［J］. 吉林省教育学院学报，2011（9）：13－15.

场内人员进行精神激励、士气感召，并促使其在自省自悟中进行自我约束。"场"式育人法可涵盖的具体方法有很多，除了涵盖隐性育人法之外，"场"式育人法还涵盖一些由显性育人延伸而来的一些方法，如激励法、感染法、约束法等，本书重点介绍"场"式育人中的激励教育法、感染教育法、约束教育法：

（1）激励教育法，就是教育者通过学校文化场中的正能量激发大学生的主观动机，鼓励大学生朝着正确方向和目标努力的方法。激励可分为物质激励和精神激励，二者相辅相成，互为补充，但对大学生而言，精神财富是最宝贵的，精神动力才是成长成才最持久、最强大的动力。激励教育的方式是多种多样的，如通过树立理想，激发大学生为实现理想而奋斗的目标激励；通过奖优罚劣引导大学生思想行为的奖惩激励；通过鼓励创先争优，激励大学生勤奋进取的竞争激励，等等。学校运用文化场进行激励教育，要立足于大学生成长和发展的各种现实需要，在加强大学生理想教育的同时，建立健全公平公正、奖优罚劣的激励制度体系，以充分激发大学生积极进取、奋发向上的主观动机，并培育良好的校园文化氛围，让大学生在这种文化氛围中获得持久的、强大的精神激励。

（2）感染教育法，就是教育者利用学校文化场中一切情境、情感文化因素感染、感化大学生，使其从中受到积极的影响和熏陶。感染教育法的最大特点是寓情于理，不仅具有浓厚的情感色彩，而且在表现形式上更形象、生动和自然，这对于思想活跃、情感丰富、生活集体化程度较高的大学生而言，更容易产生情感共振，并轻松自然地接受教育。感染教育可分为形象感染、艺术感染、群体感染，感染教育的具体方式有很多，如通过树立或学习榜样、通过参观访问或实地考察，通过文艺作品欣赏、品评，通过集体交流互动，等等。学校运用文化场进行感染教育，要结合大学生的兴趣爱好和阶段性关注热点，开展丰富多彩的、大学生喜闻乐见的教育活动，如在师生中开展感动校园先进人物评选，组织学生走进敬老院、孤儿院、军营、医院、企业，组织学生赏评文艺作品，聆听先进事迹报告会，开展大型集体的文体活动竞赛、丰富网络社区活动等，积极营造生动活泼的校园文化氛围，让学生在这种氛围中受到感染，产生情感共鸣，进而实现寓理于情、以情育人的目的。

（3）约束教育法，是教育者利用学校文化场中一切管理载体，让大学生切身感受到学校规范、严明而有序的管理文化，并促使大学生按照学校的管理要求进行自律自省，自我约束，进而实现寓教于管，以管育人的一种教育方法。管理载体是新时期大学生思想政治教育的基本载体之一，也是文化育人的重要载体。约束教育法最常借用的管理载体类型有组织管理、制度管理、生活管理，无论是哪一种类型的管理，都要坚持以学生为本，以调动学生积极性、促进学生成长为目的。约束教育法强调自律与他律、内在约束与外在约束有机结合，强调学校文化场与大学生个体互动，是学校以管促改，以管促建，促进大学生自我教育、自我提高的一个重要方法。学校运用约束教育法，要树立以人为本，寓教于管的思想理念，在建立健全学校管理制度并进行规范管理的同时，要把目标从"管"转向教育，转向对学生的尊重和信任，注意发扬学生的自主性，鼓励学生自主管理，体现人文关怀。

三、生活养成法

生活是教育之源。大学生成长的每一步都与平时的学习生活息息相关。生活养成法，是指教育者把养成教育融入大学生日常学习生活的各个方面，并以"润物细无声"的方式让大学生在日常生活中自觉养成良好的行为习惯、全面提升自身的能力素质。生活养成教育，不是大学生在随心所欲的生活中去漫无目地自我教育，也不是教育者简单地对学生进行强制性的行为约束或行为训练，而是通过一定的教育手段促使大学生在日常生活中自我养成。这种教育方式体现了文化育人的生活实践原则，彰显了大学生主体性，是文化育人不可或缺的一种基本教育方法。

大学生生活养成教育，是融于生活的教育，有生活在，就有教育在。从这个意义上讲，生活养成教育是一项系统工程，是全员、全程、全方位的教育。全员教育，是指大学生的学习生活涉及教育教学、科研、管理和服务等方方面面，需要全员参与。全程教育，是指生活养成教育周期长，在整个大学期间，都要结合大学生在不同成长阶段的生活实际，有针对性、有侧重地开展生活养成教育。全方位教育，是指生活养成教育涉及的内容比较广泛，不仅仅包括高尚思想品行、良好个性人格和行为习惯的养成，也包括良好的专业素养和人文素质的养成。每一项内容中又涉及一系列的具体内容，如"高尚思想品行"能涵盖到热爱祖国、奉献社会、服务人民、文明守信、勤俭节约、艰苦奋斗等很多方面，"良好个性人格"内涵也非常丰富，大学生的一切优秀品质和个性都涵盖其中，如自强、博爱、奉献、诚信、友善、勤奋、担当、文明、知礼、豁达、乐观、进取，等等。

生活养成教育的实施方法也有很多，最基本的方法有正面灌输法、启发引导法、典型示范法、规范管理法。例如，在学校明确了各项教育、管理举措的基础上，运用正面灌输法，对学生晓之以理，动之以情，使大学生增加对学校各项教育管理政策的理解和认同，进而提高思想认识；运用启发引导法，调动学生的内在积极性，使其形成正确的价值认知，自觉参与各项集体活动；运用典型示范法，为大学生树立学习榜样，激励大学生学先进、赶先进，形成"学、比、赶、超"的良好氛围，用榜样的力量带动更多学生接受养成教育；通过规范管理的方法，帮助大学生树立自律意识，规范自己的言行，文明修身。

学校要开展生活养成教育，要着重从以下几方面入手：一要围绕教育任务抓好顶层设计，从全局角度做好统筹规划、整合资源、完善人员和组织保障、细化各项教育工作安排等，以确保教育任务的有效完成。二要健全各项规章制度，加强管理。生活养成教育涉及大学生教育管理各个方面，需要一系列的规章制度做保障，如促进大学生生活养成的生活管理制度、学习制度、校园文明行为守则、各项奖惩和资助制度等。在完善制度的同时，还要有效实施这些制度，进而实现对大学生的行为引导和行为训练，使大学生获得养成教育。三要搭建生活养成活动平台，结合学生的生活实际，以他们喜闻乐见的形式，开展丰富多彩的校园文化生活实践及社会实践活动，使学生在亲身实践中自觉接受养成教育。

第三节　构建协同育人机制

文化育人是一项庞大而系统的工程，其育人价值的实现，是诸多要素合力作用的结果。其中育人的主体、客体、环境、媒介要素是影响文化育人价值实现的最重要因素。要有效实施文化育人，需要结合当前水利特色院校文化育人发展实际，着眼于文化育人的四个基本要素，重点从提升教育者价值引导力、促进大学生自主发展、优化文化育人环境、建设文化育人主阵地入手，构建"四要素"协同育人机制。

一、提升教育者价值引导力

教育者是文化育人活动的设计者、组织者、实施者，是教育计划、要求的贯彻落实与执行者，在文化育人活动中承担着引导人生价值观发展的重要使命。教育者的价值引导力如何将直接影响文化育人活动成效、影响大学生的成长成才。因此，要增强文化育人实效，首先要从提升教育者的价值引导力入手。

（一）教育者的价值引导

第一，文化育人强调思想文化引领和教化。它着眼于大学生个体意义的生成，强调思想文化的引领和教化。所谓引领就是指引和领导，强调正面的要求和指导，强调主体对客体起主要的引导作用。我党十分重视引领的作用。"发挥文化引领风尚、教育人民、服务社会、推动发展的作用""用社会主义核心价值体系引领社会思潮、凝聚社会共识"、教育引导党员、干部模范"践行社会主义荣辱观，讲党性、重品行、做表率，做社会主义道德的示范者、诚信风尚的引领者、公平正义的维护者"❶，这是党对思想政治工作的要求，也是水利特色院校文化育人内在的价值追求。教化就是教育和感化，它强调"把政教风化、教育感化、环境影响等有形和无形的手段综合运用起来"，强调"客体在主体影响下自我体会和领悟的'渐变'"❷，是把教育内化到人心的一种方式。引领和教化的过程密不可分，两者相辅相成，引领是教化的前提和基础，教化是引领的目的和结果体现。

第二，教育者肩负价值引导的使命。作为引领和教化大学生成长的责任主体，教育者在文化育人过程中以立德树人、促进学生全面发展为己任，引导学生追求人生理想与价值、使其思想品德向社会要求的方向发展。他们在文化育人过程中占据着价值主导的地位，肩负着价值引导的使命。所谓价值引导者就是通过设计、组织和实施文化育人活动，引导和帮助学生进行价值选择、实现生活意义。由于人的价值观念的形成过程实质上是由内而外的生成过程，是"基于已有的知识、经验和价值观念，在自我需要的驱动下……建构事物的意义"❸，人的价值世界是个体在自主、能动的状态下生成的，而不是单靠外部力量就能塑成，教育者的价值引导是通过潜移默化的影响和内心的感召，是以润物细无声的方式为学生提供精神动力，让学生充满追求人生价值的激情和斗志。

第三，教育者价值引导职能及其体现。教育活动是一种"以培养人为特征而构成的价值认识、价值选择、价值实现的特殊活动"❹。从这个意义上讲，价值与主体的情感、意志、选择密切相关。引导人追求价值、创造价值是教育的主旋律。教育者的价值引导职能主要包括引导价值认知、价值选择和价值实现，激发人对价值追求的能动性，促进人的价

---

❶ 胡锦涛. 坚定不移沿着中国特色社会主义道路前进为全面建成小康社会而奋斗——在中国共产党第十八次全国代表大会上的报告 [N]. 人民日报，2013－08－01.

❷ 郑承军. 理想信念的引领与建构——当代大学生的社会主义核心价值观研究 [M]. 北京：清华大学出版社，2010：204.

❸ 姚林群. 课堂中的价值观教学 [D]. 武汉：华中师范大学，2011.

❹ 黎琼锋，王坤庆. 引导选择：让教学成为丰富的价值世界 [J]. 华东师范大学学报（教育科学版），2005（12）：9－16.

值世界的丰富和发展。

水利特色院校文化育人的教育者主要包括通过教学、管理和服务等方式实施文化育人的各类专业课教师、辅导员、党政管理干部和共青团干部、后勤与图书馆等服务人员，他们都是文化育人的主体力量。教育者的价值引导职能主要体现在课堂教学之中和日常教育管理与服务之中。教师在课堂教学中可以从各种渠道发挥对学生的价值引导作用，如通过精彩的教学设计，使教学饱含丰富的意义和价值，进而引导学生认识真理、明确自己的所需和作出自己的选择；通过自身的价值追求和人生智慧使学生从中受到影响和感召，并在不断地反思中构建自己的价值观；通过让课堂充满智慧挑战，唤醒学生求知的愿望，引导学生不断追求更高的生命境界。在日常的教育管理与服务过程中，学校机关、后勤、图书馆、各院（系部）等相关单位和部门的管理干部、辅导员及服务人员，作为第一课堂教学之外的文化育人者，也能立足本岗通过多种方式对学生发挥价值引导作用，比如管理干部通过秉持现代化的管理理念、建立赏罚分明的管理规章、采取科学规范而又富有人性化的管理举措等正校风，树新风，培育优质的管理文化和制度文化，引导学生在公平公正的管理文化和制度文化环境中感知学校良好的校园文化氛围，并潜移默化受其影响，形成正确的价值观；服务部门工作人员通过微笑式和亲情式服务展现人文关怀、通过丰富多彩的优质服务创建活动体现"以学生为本"的服务理念、用真情关爱学生、用温馨感染学生，使学生在接受体贴入微的服务中受到感召和教化。

第四，教育者进行价值引导的基本要求。教育者作为学生发展道路上的重要"他人"，其使命在于唤醒生命，激扬生命，引导学生不断迈向更高的生命层次。教育者的价值引导不仅影响学生在校期间的发展，也将对学生的整个人生都产生深远影响。可以说，教育者承载的是一种生命重托，使命神圣，责任重大。这要求教育者在价值引导过程中必达到一定的要求。其一，要有明确的价值认知。传道者自己首先要明道。教育者在文化育人过程中要对"培养什么样的人、怎培养人、为谁培养人"的问题有一个清晰的认识，并围绕教育"立德树人"根本任务，深刻认识自身的角色担当、教育使命及对促进学生发展和社会进步的价值作用，深切体察学生的价值观发展情况及思想困惑，将自身存在与学生发展和社会进步紧密结合起来，主动追求自身存在的价值。其二，要有坚定的价值立场。传道者自己首先要信道。教育者要坚持马克思主义的价值立场，以理性的态度和方式观察和分析当前社会中存在的一些不良现象及学生中存在的一些思想认识问题，正视社会生活中以及学生所面临的价值冲突，在对多元文化价值观保持一定宽容和理解基础上，积极引导学生树立社会主义核心价值观，追求高尚的人生境界。同时，保持自己独立的人格，不轻易受外界不良因素所左右，坚定自己的理想信念，执着地朝着自己认准的目标努力。最终以自己深邃、理性、独立、执着去影响、去激励学生成长。其三，要树立自身良好形象。传道者首先要行道，以身立教是最具影响力和感染力的。孔子说"其身正，不令而行，其身不正，虽令不从"，因此，教育者要培养学生成为什么样的人，自己首先要成为什么样的人。教育者"品德高尚、行为端正"本身就是一种宝贵的教育资源，对学生价值观的形成与发展具有潜移默化的影响作用。教育者具有的任何优秀品质，都会通过自己的言行被学生感知，并成为一种榜样力量，引导学生在价值追求和自我完善的道路上不断前行。

总之，良好的教育是引领学生自己"去观察""去感悟""去判别""去表达"❶。教育者不仅要传承文化，更要为丰富学生情感、磨砺学生意志、完善学生道德引路，他们凭借对学生的尊重与关爱感召学生的心灵，引领学生的成长，这对教育者自身的素质提出了内在的要求。

（二）教育者价值引导力提升策略

教育者自身综合素质的高低决定其价值引导力的大小。教育者的综合素质越高，其价值引导力就越强，反之，教育者的综合素质越低，其价值引导力就越弱。要提升教育者的价值引导力，必须从提高教育者综合素质抓起。教育者综合素质的提升，一方面来自学校多渠道的促进，一方面来自教育者自身的努力。

1. 在学校层面要多渠道促进教育者素质提升

习近平在全国高校思想政治工作会议上提出要从选拔、培训、实践、激励入手，整体推进高校思想政治工作队伍建设，保证这支队伍后继有人、源源不断。这是党对高校思想政治工作队伍建设的总体要求，也是党对提升高校教育工作者综合素质的基本策略。

（1）要加强教育引导和培训。学校价值观是大学精神文化的集中体现，对教育者的价值观与教育行为方式具有重要影响。学校要着重加强大学精神培育，对学校历史发展进程中形成的优秀精神品质和精神内涵进行深入挖掘；着重加强校风、教风和学风建设，推进学校规范办学，依法治校；着重培育教育者的价值共识，通过广泛的讨论和深入的宣传引导广大教育者对学校价值观形成共识，同时加强文化凝练，使之成为全校师生员工耳熟能详且内心认同的重要价值标准，为教育者实施文化育人活动提供价值指导。对教育者培训要分层次、分类别进行。培训种类不同，教育目标也有所不同，教育培训要结合培训对象的工作需要和自身发展需要，以解决现实问题为导向，由培训对象自主选择培训内容和方法，以增强培训的针对性，如针对价值观教育理论基础薄弱者举办相应的理论培训班；针对在价值引导策略、方法、手段运用方面有待提升者，举办相应的实战技术研讨班等。

（2）要强化实践锻炼。教育者的价值引导力从本质上讲是教育者在教育实践中智慧的体现，需要教育者在大量的教育实践中不断进行探索、不断积累教育经验。因此，学校要积极创造条件，赋予教育者更多的教育自主权，鼓励教育者大胆进行实践探索和工作创新，鼓励他们走出校园，感受社会的发展和时代的挑战，以充分调动他们的教育自主性和创造性。精品化的文化育人活动设计既能展现出教育者的价值引导意识，也能从中分析出教育活动所具有的价值引导性。学校可以通过开展各种品牌性或创新性文化育人活动的评比、文化育人经验交流、成果展示等，激励教育者积极进行教育探索，在实践中锻炼和提升自己。

（3）要健全激励机制。文化育人是一项努力在当下、见成效在未来的工作，实施文化育人必须立足长远，远离功利。为此，学校要建立科学的教育评价机制。对教育者的工作评价要避免简单地指标化和功利化，比如只追求开展教育活动的数量，而不注重深层次的教育质量等。要以科学的教育观、人才观、质量观为评价基础，除了采用终结性评价来评

---

❶　肖川. 教育的理想与信念［M］. 长沙：岳麓书社，2002：32.

价教育者工作业绩之外，还要建立形成性评价，"通过形成性评价"❶，对教育者发展过程中存在的问题进行及时鞭策与矫正。要建立科学民主的管理制度，保障教育者对学校的各项重大决策拥有知情权、参与权或监督权，充分发挥他们在学校管理中的主体作用，进而培养他们的主体意识、激发他们自主发展的动力。要建立科学的人才选拔制度，让真正的德才兼备之人走上重要的工作岗位，发挥更大的作用。

2. 从教育者自身层面，要加强自我教育和自我完善

教育者要充分发挥自身的主体作用，通过各种方法不断提高自身的发展水平，提升价值引导力。其中最重要的是要抓好自身的理论学习和经常性的自我反思。

（1）要加强理论学习，增强价值引导的理性。教育者的价值引导力不是与生俱来的，是经过不断学习积累，在对各领域知识整合基础上逐步形成的。所谓价值引导力，从根本上讲就是教育者凭借自己的理性思维和价值判断，对教育对象的价值判断和选择所形成的导向力。这种导向力的强弱取决于教育者的理性思维水平，而教育者的理性思维水平又取决于他的理论修养水平。从事任何教育实践活动都离不开教育理论的指导。教育者要提升自己的价值引导力，需要与时俱进不断加强理论学习，及时更新教育观念，为提升理性思维水平和价值判断能力提供理论支撑。教育者加强理论学习，一方面要在教育理论学习基础上尽可能多地涉猎各学科领域，学会融会贯通，为价值引导打下广泛的理论基础。另一方面要结合自己的实际有选择性地进行理论学习，如主动查缺补漏，针对自己理论上的薄弱之处查找文献进行学习弥补；如坚持问题导向，对自己遇到的困惑难解的问题，通过查阅相关文献、阅读相关书籍，解决疑惑；如坚持学习创新，在学习之后结合个人教育实践创造富有个性化特征的育人理论。教育者的理论学习是为了解决教育问题，为了更好地教育实践。因此，教育者在理论学习过程中，要将学到的理论知识与教育实践相结合，既不机械地照搬理论，又不仅局限于实践经验。

（2）要勤于自我反思，提高价值判断和选择能力。教育者要引导学生做出科学、合理的价值判断与选择，必须自己在面临各种现象和事件时要能理性地做出谁对谁错、谁好谁坏、谁优谁劣的价值判断，只有在教育者自己判断正确的前提下，才可能对学生进行正确的价值引导。而教育者的价值判断和选择能力更多地来自自我反思。教育者对自身工作、对教育形势、对所遇到的各种现象和事件经常进行自我反思，对提升其价值判断和选择能力具有重要作用。一名教育者如果缺乏反思的意识和品性，那么他很难从肤浅、感性、庸俗走向深刻、理性和高尚，他也很容易沉沦于世，被环境和他人所左右，这样的教育者难以胜任大学生的价值引导工作。"当前广大教师之所以会出现价值迷茫和价值混乱，其中一个很重要的原因就是缺少必要的反思，在多元价值面前不能做出明智的判断和选择。"❷因此，教育者要不断提高自身的价值判断与选择能力，必须牢固树立自我反思意识，养成自我反思习惯，经常自觉审视和反思自己在价值引导中的价值立场和价值取向，尤其是一些习惯性的思维观念、不经意的举动，使自己成为一名在不断反思中增强理性的教育者和价值引导者。

❶ 焦彩珍. 论基于主体性建构的教师发展［J］. 西北师大学报（社会科学版），2014（7）：100－105.
❷ 姚林群. 课堂中的价值观教学［D］. 武汉：华中师范大学，2011.

具体地讲，教育者要经常反思如下几个方面问题：一是要经常反思自己的职责及自身存在的价值是什么，自己教育行为是否具有合法性与合理性；二是要经常反思开展某项教育活动的意义是什么，是否以促进学生发展为本；三是要经常反思自己的教育观念是否符合时代发展要求、是否有利于学生发展，尽量避免因思想观念带来的教育偏差；四是要经常反思自身的教育实践，反思自己在价值引导过程中引导是否到位、是否存在疏漏、效果如何，还有哪里需要调整和改进等。教育者只有经常进行自我反思，才能时刻对自身的教育职责与存在意义、对所开展教育活动的合理性、对自身教育价值观念及教育实践成效有一个清晰的认识和把握，对存在的不足及时地进行调整、完善，这不仅能有效提升教育者的理性思考和价值判断能力，也是提升教育者价值引导力的必经路径。

二、促进大学生自主发展

大学生是文化育人的教育对象，即受教育者。文化育人活动的成效最终要在大学生的素质发展中得到体现。在文化育人活动中，大学生是能动的文化主体，其主体性强弱和文化自信水平高低，能够影响他对外在给予的文化价值引导、文化价值客体接受、吸收和转化的程度。大学生的文化主体性越强，文化自信水平越高，在文化育人活动中，对外在文化价值客体吸收转化得就越好。因此，要提高文化育人实效，必须促进大学生自主发展，主要从大学生文化主体性和文化自信的培养入手。

（一）大学生文化主体性培养

人是文化的主体，具有文化主体性。文化主体性就是人作为文化主体的规定性，体现在文化主体与自然、社会及其自身发生的主客体关系之中。文化主体在与他人和社会关系中表现为自主性，在对象性文化活动中表现为能动性，在与自我关系中表现出超越性。大学生的文化主体性是文化育人的重要基础。文化内化与外化，是文化育人过程中必不可少的实践环节，它作为大学生文化主体性的集中体现，主要表现为大学生在"文化价值客体主体化"过程中所表现出来的文化价值内化与行为外化的自主性、能动性和超越性。离开了大学生的自主性、能动性和超越性，"文化价值客体主体化"就没有了可实现的基础和动力。因此，大学生的文化主体性是决定文化育人能否取得实效的一个重要因素。

大学生的文化主体性生成于对自我价值的需要和对文化意义的追求。从本质上讲，"价值观的发生、建构和发展与人的文化主体性的生成与提升相伴而行"❶。在文化育人实践中，只有大学生真正意识到了自我价值需要和外在给予的文化价值意义，其主体性意识才能生成。恩格斯说："文化上的每一个进步，都是迈向自由的一步。"❷ 在这里，文化上的每一个进步，都意味着文化价值观念的发展与进步；人迈向自由的每一步，都意味着人的主体性的进步与提升。因此，文化进步与人的自由发展是协调一致的，人的文化价值观念与其主体性也是相伴而生的。

大学生的文化主体性是在不断地文化认知、文化实践和自我超越中形成的，具有很大的可塑性和开放性。它是可以通过主体性教育来塑造、培养和提升的。主体性教育的宗旨

---

❶ 徐瑞鸿，戴钢书．文化主体性的提升：社会主义核心价值观教育过程的本质［J］．学术论坛，2015（7）：133－138.

❷ 马克思，恩格斯．马克思恩格斯选集（第3卷）［M］．北京：人民出版社，1995：456.

是使每一个学生"能够独立地面对世界，能够自主判断，自主选择，自主承担，"❶实现学生的全面自由发展。文化育人要有效实现其价值，需要以有效发挥大学生的文化主体性为前提，而要有效发挥大学生的文化主体性，就要有效开展主体性教育，全面加强大学生主体建设。

大学生文化主体性教育，实质上是教育者通过各种渠道的文化教化向大学生输送以社会主义核心价值观为统领的各种先进文化的价值和意义，使其自觉成为先进文化价值主体的过程。在这一过程中，大学生在教育者的价值引导之下，通过对文化情境的感受、理解、领悟、内化、外化等一系列文化实践，逐渐认识自身的需要和外部世界对自我的意义，促进其价值意识和主体意识的建构。文化主体性教育是教育者"价值引导"与受教育者"自我构建"的辩证统一，它强调对学生兴趣和潜能的重视与培养，对学生自由和价值的尊重与肯定。其中，教育者的"价值引导"过程，就是教育者通过文化教化来提升大学生主体的文化认知，激发其文化主体性的过程。受教育者的"自我建构"过程，就是大学生在文化教化中自觉地、能动地建构自身文化主体性（即自我教育）的过程。从这个意义上讲，在大学生文化主体性教育中，无论是教育者还是受教育者，他们都是教育的主体，都需要得到充分的重视与尊重。无论是教育者的价值引领还是受教育者的自我构建，都要付诸实践，在实践中完成。因此，在文化育人中，实施主体性教育，加强大学生文化主体建设，要从确立主体地位、提升主体认知和增强自我教育能力三个方面入手：

1. 强化"以人为本"，确立大学生的主体地位

（1）要树立"以人为本"的教育理念。大学生的全面自由发展是教育的根本宗旨，也是大学生自身主体性（即本质力量）的体现，离开了大学生自身的主体性，其全面自由发展就失去了可实现的基础。从这个意义上讲，以学生为本是大学生主体性发展对教育所提出的内在要求。要确立大学生的主体地位，首先要树立以学生发展为本的教育理念。学校的一切工作都要以培养人、发展人为根本出发点，一切工作都要着眼于满足学生发展需求、维护学生根本利益、促进学生全面发展，一切工作都要坚持尊重学生、关心学生、理解学生、帮助学生，真正做到教育工作"一切为了学生，为了学生的一切"。教育者要充分认识到，大学生自身的主体性是其成长成才的内在因素，起决定性作用，教育者只是大学生成长成才的外部因素，起辅助性作用。以学生为本，是保障大学生主体性地位、发挥大学生主体性作用、育人活动取得实效的重要基础。在教育教学活动中，要放下"师道尊严""填鸭式"的教育理念，倡导学生自主学习，自主教育，"充分调动学生的积极性，赋予学生永不停息探求知识的生命力，促进学生主体性的发展和完善。"❷

（2）要全面落实大学生的主体性地位。学校要抓好顶层设计，以促进学生的主体性发展为本，合理安排各项教育教学和管理服务工作。一要优化课程设置，加强跨学科、跨专业教育，注意各种课程人文精神的融入，丰富大学生第二课堂素质教育活动。二要通过教学质量监控评价等举措，引导教师建立师生相互尊重、平等交流、双向互动的新型师生关系，让教育成为师生思维碰撞、相互启发的过程，为学生主体精神的激发和主体作用的发

---

❶　肖川. 成为有信念的教师［M］. 长沙：岳麓书社，2012：136.

❷　胡正平. 试论大学生主体性培养［J］. 高等农业教育，2011（11）：78-80.

挥创造有利条件。三要优化教育培养方式，克服传统的教育者"一言堂""满堂灌"现象，鼓励教育者要做导演，把学生推上"表演"的舞台，引导学生在自主参与中正确塑造自己。四要引导学生参与学校管理。要鼓励学生多参与为学校发展建言献策、网上评教、后勤服务质量监督等活动，增强学生的主人翁责任感，发挥其主体性作用。要注意在各项工作中融入学校对大学生的人文关怀，增强大学生的主体性感知。五要通过各种媒介手段，加强舆论宣传，大力弘扬"以人为本""以学生为中心"的教育理念，为学生充分发展自主性、能动性和创新性创造良好的校园文化氛围。

2. 强化"价值引导"，提升大学生的主体认知

文化教化是文化育人的基本途径，简言之，就是教育者通过各种文化手段向大学生输送社会主义先进文化价值观，并被大学生理解接受、内化为己有，乃至外化为行动的过程。这一过程，对教育者而言，就是进行价值引导的过程，它是提升大学生主体认知的基本前提。价值引导应该"建立在对学生成长的潜能和对他们充满期待的内心世界的关注、激励与赏识上"，教育者通过外在价值与意义的输送，激发大学生的主体性认知需求，开启大学生对自己人生意义与成长追求的思考。在大学生文化主体性建设中，教育者要着重从以下几个方面进行价值引导：

（1）引导大学生对自己的人生理想和目标进行思考，在更高远的精神追求层面提升主体觉知，树立共产主义的崇高理想和全心全意为人民服务的价值追求，树立社会主义、集体主义和爱国主义相统一的人生价值观，树立明确而具体的职业发展目标，进而拓展大学生的主体性发展空间。

（2）引导大学生对大学生活意义和努力方向的思考，让他们认识到无论一名大学生有多么高远的理想和人生价值追求，大学都注定是为未来人生筑梦，为未来人生奠基的一个至关重要的阶段，认识到在大学中"内强素质，外塑形象"的重要，认识到学会思考和进行价值选择和判断的重要，认识到做好大学生活规划的重要，进而激励大学生拼搏、进取，坚持正确的发展方向。

（3）引导大学生正确认识成长成才规律，让大学生认识到他们成长成才既有一般规律可循，也有个体的差异性和特殊性存在；认识到遵循学校培养计划和教育教学安排非常重要，而结合个人实际，个性化地发展自己也很重要。

（4）引导大学生正确认识实践对他们成长成才的重要性，让大学生懂得"实践出真知"的道理，认识到社会发展对他们创新精神和创造能力的迫切需要，进而树立求真务实的实践精神，并在扎根实践中成长成才。

3. 强化"自我构建"，增强大学生的自我教育能力

大学生"自我构建"是相对于教育者"价值引导"而言的，主要是指大学生通过自我教育的途径来提升自我、塑造新我的过程。自我教育亦称为自我修养，是大学生主体能动性的集中体现，它主要包括自主学习、独立生活和自我构建三层内涵，其中，自我建构是大学生主体性发展的最高境界，促进大学生自主学习和独立生活，最终都是为了自我建构。

自我教育是大学生自我意识发展到一定水平的产物，也是大学生自我构建的重要途径。教育者在育人中要强化自我建构，通过各种途径引导大学生进行自我教育。一是针对大学生多样化的精神需求，用树立先进典型的方法开展示范教育，使大学生学有楷模、行

有标兵。作为大学生身边的榜样，他们的先进思想、模范行为、感人事迹，更有感召力和说服力，更能激励和引导大学生奋发向上。通过树立和学习先进典型，让大学生从中汲取先进的思想、学习优秀的品质和效仿高尚的行为，进而取得自我教育的实效。二是贴近大学生的思想和成长实际，以社会主义核心价值观为思想统领组织大学生开展各级各类校园文化活动（含网络文化活动及大学生社会实践活动等），让学生在充满社会主义核心价值观的良好的校园文化氛围中去感悟、去思考，并在潜移默化中实现自我教育、自我完善。同时，让学生在积极参与各类活动中，发挥他们在活动中的自主性、能动性，通过参与活动，增加体验，实现自我教育、自我发展。三是为各级学生干部和学生社团组织搭建平台，指导他们利用自身密切联系学生、贴近学生的组织优势，开展各级各类大学生"自我教育、自我管理、自我服务"工作，鼓励他们自主设计开展内容健康、形式活泼的校园文化活动，使大学生在组织活动、参与活动、观看活动中实现自我教育，提升个人综合素质。

（二）大学生文化自信培养

文化自信是一个民族文化传承创新的精神基石，也是与他国文化碰撞交锋时的价值底气，是维护文化安全、彰显文化特性的一道重要思想屏障。习近平总书记高度重视文化自信，党的十八大以来，他曾多次强调"文化自信"，如提出要"增强文化自信和价值观自信（2014 年）""中国有坚定的道路自信、理论自信、制度自信，其本质是建立在 5000多年文明传承基础上的文化自信（2015 年）""我们要坚定中国特色社会主义道路自信、理论自信、制度自信，说到底是要坚持文化自信（2016 年）""文化自信，是更基础、更广泛、更深厚的自信（2016 年）"，等等。可以说，拥有高度的文化自信是实现中华民族伟大复兴的基础，也是拥有正确文化价值观的体现。所谓文化自信，就文化群体而言，是指"一个国家、一个民族、一个政党对自身文化价值的充分肯定，对自身文化生命力的坚定信念"❶；就文化个体而言，是对中华民族传统文化和社会主义文化不仅怀有理解、认同和崇敬之心，更怀有进行文化传承、批判和创新的信念和勇气。作为国家重要的人才资源，大学生对中华民族的文化认同程度如何，最终会影响中华民族文化的传承和发展。没有大学生的民族文化认同，教育者的价值引导就不可能成功，文化育人活动的实效就无从谈起。同样，没有民族文化认同，大学生的文化自信也无从谈起。

"中华优秀传统文化积淀着中华民族最深沉的精神追求，……是中华民族生生不息、发展壮大的丰厚滋养"❷。"当下的文化自信主要以悠久辉煌的传统文化为指向"❸。对当代大学生而言，树立文化自信，从根本上说就是要增强其民族文化认同，树立社会主义核心价值观。这也是全球化时代发展赋予水利特色院校文化育人的一项重要使命。对于高校而言，要增强大学生的民族文化认同，树立社会主义核心价值观，必须着眼于传统文化的创造性转化和创新性发展，充分挖掘中国传统文化的优秀因子，加速民族优秀传统文化的现代转型，焕发民族优秀传统文化的时代生机，加大民族优秀传统文化的传承。

❶　任仲文. 觉醒·使命·担当：文化自觉十八讲［M］. 北京：人民日报出版社，2011：9.

❷　沈壮海. 将优秀传统文化融入高校立德树人实践［J］. 思想政治教育工作研究，2014（4）：10－13.

❸　沈壮海. 文化自信的基点应确立在哪里？［N］. 中国教育报，2012－04－20（5）.

第一，在内涵建设上，要以社会主义核心价值观培育为依托引领传统文化走向现代化。习近平指出，中华优秀传统文化"可以为人们认识和改造世界提供有益启迪，可以为治国理政提供有益启示，也可以为道德建设提供有益启发"，但是，传统文化在形成和发展时"不可避免会受到当时人们的认识水平、时代条件、社会制度的局限性的制约和影响，因而也不可避免会存在陈旧过时或已成为糟粕性的东西。"❶ 社会发展需要与时俱进，需要坚持"从历史走向未来，从延续民族文化血脉中开拓前进"。因此，我们必须坚持古为今用、以古鉴今，努力实现传统文化的创造性转化、创新性发展，使之与现实文化相融相通，始终保持文化的先进性。

社会主义核心价值观是社会主义意识形态的本质体现，集中体现着各族人民的共同理想和价值追求，作为国家主流文化的灵魂，它内含着世界先进文明成果，吸收了中华传统文化精华，蕴含着先进文化的基本精神，是当代中国的先进文化。它的重大使命就在于引领中华民族文化在全球化发展的进程中走向现代化，走向世界，走向复兴。这是时代发展对中华民族文化"与时俱进""保持文化先进性"的要求，也是增强大学生对民族文化认同的基础。从这个意义上讲，要增强大学生的民族文化认同，必须在内涵建设上，以社会主义核心价值观培育为依托引领传统文化向现代化转型。

以社会主义核心价值观引领传统文化向现代化转型，一要在去粗取精、合理继承的基础上，重点做好传统文化的创造性转化和创新性发展。中国传统文化生长于封建农耕社会，未经过工业文明的洗礼，自然有着与现代性不相融的地方，如家长专制色彩浓厚、缺乏自由民主精神、重德治轻法制、重和谐轻竞争等，都与现代社会所需求的自由、竞争、民主、法治精神相违背。只有有针对性地构建传统文化中缺失的现代性元素，完善我们的价值体系，以有效整合社会意识、维护现代社会秩序。二要在实现传统文化的创造性转化和创新性发展过程中，充分汲取传统文化中的思想精华和道德精髓，并结合时代发展的需求，深刻阐释传统文化中能够跨越时空、超越国度、具有当代价值、更富有永恒魅力的精神内涵，正如习近平所讲，要"深入挖掘和阐发中华优秀传统文化讲仁爱、重民本、守诚信、崇正义、尚和合、求大同的时代价值，使中华优秀传统文化成为涵养社会主义核心价值观的重要源泉"❷，同时也使社会主义核心价值观作为当代中华文化之魂引领优秀传统文化紧扣时代发展的脉搏向现代化转型。只有如此，中华优秀传统文化才能与时代发展紧密相融，才能真正走向现代化，并得到大学生的认同，使他们树立民族文化自信。

第二，在表现形式上，要借助大众文化地形式焕发民族传统文化的时代生命力。大众文化总是以人们喜闻乐见且丰富多彩的形式，广泛地融于人民群众的社会文化生活之中，并潜移默化地影响着人们的思想和行为方式。大学生文化价值观的形成也不可避免地要受到大众文化的影响。对于一个社会而言，大众文化虽没有鲜明的意识形态性，但也会因其蕴含文化价值而承载着凝聚人心、感召民众和传承文明的社会教育功能，并且大众文化所

---

❶　习近平. 在纪念孔子诞辰 2565 周年国际学术研讨会暨国际儒学联合会第五届会员大会开幕会上的讲话［N］. 人民日报，2014-09-25.

❷　习近平. 把培育和弘扬社会主义核心价值观作为凝魂聚气、强基固本的基础工程［N］. 人民日报，2014-02-26（1）.

蕴含的价值品位越高，它对广大民众的正向影响就越强。而"中华优秀传统文化是中华民族的突出优势，是我们最深厚的文化软实力"❶，"要使中华民族最基本的文化基因与当代文化相适应、与现代社会相协调，以人们喜闻乐见、具有广泛参与性的方式推广开来，把跨越时空、超越国度、富有永恒魅力、具有当代价值的文化精神弘扬起来。"❷ 从这个意义上讲，民族优秀传统文化与大众文化是相辅相成、相互促进的关系。民族优秀传统文化借助大众文化的形式，不仅会更广泛地深入人心，焕发出传统文化的生命力，还会让大众文化因承载民族优秀传统文化的价值内涵而拥有更高的文化品位，让大学生在潜移默化中增强对民族传统文化的认同。

借助大众文化的形式焕发民族优秀传统文化的生命力，一要以人们喜闻乐见的大众化方式来弘扬民族优秀传统文化，如运用现代的技术手段、流行的符号、青年人的话语体系等各种形式来生动地展现并传播民族优秀传统文化，使其更广泛、更深入地扎根于大众文化的沃土之中，并不断从中汲取民族的、大众的、科学的文化营养，进而使民族优秀传统文化成为中西文化博弈、中华文明传承的中坚力量。二要全方位拓展民族优秀传统文化与大众文化融合的渠道，通过教育引导、舆论宣传、文化熏陶、实践养成、制度保障等，将民族优秀传统文化广泛融入大众文化生活的方方面面。"一种价值观要真正发挥作用，必须融入社会生活，让人们在实践中感知它、领悟它"。❸ 这需要紧密联系人们的生活实际，利用各种时机和场合，运用各类文化形式，营造出像空气一样无所不在的弘扬民族优秀传统文化的生活情景和社会氛围，使人们在日常生活的点点滴滴中感知和领悟中华民族优秀传统文化的魅力所在。此外，还要加强对大众文化生产者的教育和引导，强化其弘扬中华民族优秀传统文化的责任意识，用高质量高水平的作品形象地告诉人们中华民族优秀传统文化中的真善美。只有如此，中华民族优秀传统文化，才能与大众文化在相互融合、相互促进中健康发展。

第三，在教育手段上，要把优秀传统文化融入学校教育的全过程以实现文化育人。文化育人既是水利特色院校思想政治教育的一项重要功能，也是一个重要手段。作为思想政治教育的一个重要手段，文化育人具有明确的目的性和阶段目标性。在大学生民族文化认同与文化自信缺失、社会需要广泛培育社会主义核心价值观的当今时代，文化育人的主要目标是针对当前大学生实际，结合社会主义核心价值观教育，将民族优秀传统文化融入到学校教育的全过程，融入大学生日常学习生活的方方面面，并以教师价值引导与学生自主构建相结合、显性教育与隐性教育相结合的综合性教育手段，实现以民族优秀传统文化育人。

把民族优秀传统文化融入学校教育的全过程，一方面要注意在课堂教学、社会实践、校园文化、日常管理、生活服务等各个教育环节上融入，如推动民族优秀传统文化进教材、进课堂，通过课堂教学实施教书育人；设计各类民族优秀传统文化主题教育实践活动，通过社会实践锻炼人、培养人；开展各类弘扬民族优秀传统文化的校园文化活动，发

---

❶ 习近平. 真抓实干开创宣传思想工作新局面 [N]. 人民日报，2013－09－05.
❷ 习近平. 建设社会主义文化强国着力提高国家文化软实力 [N]. 人民日报，2014－01－01.
❸ 习近平. 把培育和弘扬社会主义核心价值观作为凝魂聚气、强基固本的基础工程 [N]. 人民日报，2014－02－26 (1).

挥环境育人的作用；通过严格规范的日常管理和热情周到的生活服务，发挥管理育人和服务育人的作用，使学生通过各个环节的教育增进对民族传统文化的认知、感受民族传统文化的价值，增强民族文化自信。另一方面要注意在大学生的"知""行"以及"知行合一"环节上融入。大学生接受民族优秀传统文化教育、汲取先进的文化知识，就是要实现知"道"、体"道"、行"道"、悟"道"的内在统一，并在四者之间形成良性的循环。其中"知"是"行"的前提，"行"是"知"的结果，"知行合一"是对大学生最基本的要求。在教育过程中，要从"知"的环节入手，加强民族优秀传统文化的融入，通过老师的正面教育引导、学生的自觉感知和领悟等各种显性或隐性的教育方式来提高学生的文化认知；还要在"知"的基础上，通过各种方式激励大学生弘扬和传承民族优秀传统文化，尤其是要自觉践行中华民族传统美德。同时要加强对学生进行"知行合一"思想教育，并通过各种活动载体加强对学生日常行为的监督和引导，使大学生在认知与实践的循环促进中，增进对中华民族优秀传统文化的理解与认同、自觉与自信。

三、优化文化育人环境

环境作为文化育人的基本构成要素之一，在文化育人过程中对教育客体——大学生具有重要的影响。文化育人的环境是指大学生赖以学习、生活和成长的文化环境，主要包括校园文化环境和网络文化环境。其中，网络文化既是校园文化的一个重要组成部分，又与世界紧密相连，具有开放性、自由性、复杂性、多元性、多变性、隐蔽性等特点。在新媒体时代，网络文化环境对大学生的影响不容忽视。要充分发挥文化环境对大学生的积极影响作用，提高文化育人实效，一个重要举措就是优化育人的文化环境，而优化文化育人环境重在加强校园文化和网络文化建设，尤其要从建立健全文化建设机制入手。

（一）建立健全校园文化建设机制

校园文化，这里特指传统意义上的校园文化，由物质文化、制度文化、精神文化构成。从文化育人的角度看，作为大学不可或缺的重要组成部分，校园文化是大学生赖以学习、生活和成长的文化环境，对学生具有重要的导向、激励和规范的功能。校园文化是文化育人所依托的最重要的文化载体，对大学生而言是不可或缺的一种外在的给予。文化育人价值的实现，离不校园文化功能的发挥。因此，文化育人工作一项极其重要的内容就是要加强校园文化建设，尤其是要构建起一套行之有效的校园文化建设机制，为全面优化校园文化环境提供保障。

校园文化建设的机制，是指"为促进大学校园文化全面协调可持续发展，大学校园文化各构成要素之间相互联系、相互制约、相互作用的运行方式及其功能协调"❶。它是校园文化建设规范化、制度化、科学化的重要保证。校园文化建设涉及学校不同层面、不同领域的诸多工作内容，是一项复杂而系统的工程。构建校园文化建设长效机制是促进校园文化良性发展、促进文化育人工作科学发展的关键。尤其是在文化大繁荣大发展的当今时代，构建校园文化建设机制的重要性更加突显。学校要从建立健全组织管理机制、激励机制、保障机制、监督评价机制等方面构建校园文化建设的机制。

第一，构建校园文化建设的组织管理机制。全校上下各级组织、各个职能部门和全校

---

❶ 张月群，张文浩，卢黎. 大学校园文化建设长效机制探析［J］. 高等农业教育，2015（6）：30-33.

师生员工都要共同参与校园文化建设，如果没有学校的统一组织管理，很容易使校园文化建设工作碎片化、零散化，文化资源得不到有效整合、教育力量得不到凝聚，也很难保证校园文化健康有序的发展。因此，要建立健全由学校党委书记负总责、党政协同、各级各类工作组织一把手负责抓落实、学生群团组织共同参与、团结协作的组织管理机制。学校党委要掌握文化建设规律，抓好顶层设计，研究确定校园文化建设的总目标、总任务、阶段性建设计划，组织制定科学、合理、可操作性强的校园文化建设的总体实施方案。学校党政领导要密切关注校园文化的建设和发展情况，洞察文化发展走向，要亲自参与各项校园文化建设工作的重大决策、亲自落实任务；主动解决在校园文化建设中遇到的困难和问题。要建立领导责任制和目标管理体制，明确各二级单位和各职能部门的领导责任、文化建设目标和任务，把校园文化建设的既定目标、任务分解，确定各单位的工作职责范围，纵向上层级负责，一级抓一级，层层抓落实，横向上分工协作，互补联动。

第二，构建校园文化建设的激励引导机制。校园文化建设的主体是全校师生，他们的工作动力和参与积极性如何直接影响着校园文化建设的质量和水平。因此，要增强校园文化建设实效，除了要有健全的组织管理体制之外，还需要在挖掘现有人力资源能动性、积极性方面下工夫，建立健全校园文化建设激励引导机制。要坚持以人为本，增强对全校师生员工的人文关怀，充分保证师生员工能够享受到各项应有的福利待遇，如增加经费投入，改善教师的生活和工作条件，满足他们的生存和发展需要，完善各种大学生奖助帮扶政策，改善大学生的学习和生活环境，让他们充分感受到学校对大家的关怀与爱护，激发他们的爱校荣校热情，调动他们的学习、工作、创新积极性，为繁荣校园文化发挥更大的潜能。要建立竞争机制，通过实施各级各类精品文化建设工程，鼓励师生员工在各个领域进行文化建设和文化创新，通过奖先评优、树立先进典型等建立"创先争优"激励导向，营造一种相互"赶、超、比、学"的积极向上、锐意进取的校园文化氛围，激发广大师生员工的文化创新热情，满足其精神文化需求。要建立约束激励机制，通过各种必要的管理手段或惩罚措施，强化师生员工的底线意识，增强正向思维，一方面抑制、消解不良的校园亚文化，激励广大师生员工自觉规范自身行为，积极进取，将内在动力外化为实际行动。

第三，构建校园文化建设的保障机制。开展校园文化建设需要有一些必要的条件保障，如必要的物力、人力、财力投入，必要的规章制度的建立，这些都是校园文化建设最基本的保障，离开这些条件保障，便不可能有效开展校园文化建设。因此，加强校园文化建设必须构建好保障机制，获得物质、人员队伍和制度等各方面的支持。要重视校园文化建设的物质保障，增加"硬件"设施投入，改善物质文化环境，如建设符合学校教育特点的文化场（馆）、文化亭台、墙、廊，音乐厅，文化景观石，校园广播（电视）台、校刊（报）、宣传橱窗等，完善的物质文化设施是有效开展文化活动、提升校园文化品位的重要基础，也是校园文化建设的基础"硬件"保障。要重视校园文化建设的人才队伍建设。学校要按照校园文化建设的组织体系，有针对性地组建校园文化建设人才队伍，培养骨干力量，要做到明确岗位设置，明确岗位职责，有针对性地进行人员配备。要关心校园文化建设方面的精英骨干，如教学名师、知名学者、育人模范、文化艺术骨干分子等人员的切身利益，激发他们的文化创新热情，提升他们的精神文化感召力，培养一批能够引领校园精神文化、推动校园文化发展的人才队伍。要重视学校制度文化的培育。制度是"具有明确目标系统的高度组织化和规范化的约束手段，是校园文化建设内在规律的反映和要求"❶。它集中反映了校园文化建设的内在规范性。学校要通过健全组织机构、完善规章制度、优化工作机制、规范各级管理来有针对性地培育制度文化。要通过有效的制度安排，发挥制度的约束和引导作用，如通过各种管理规章，加强对各类报告会、研讨会、讲座、论坛的管理，确保校园内传播的各类信息言论不偏离主流文化方向，进而借助制度文化的影响力，规范师生的行为，巩固校园文化建设的成果。

第四，构建校园文化建设的考核机制。校园文化建设事关大学人才培养质量的提升，事关大学精神的培育与升华，作为大学的软实力建设，它有明确的目标、任务、组织管理和建设工作体系。要有效开展校园文化建设，必须构建起一套行之有效的考核评价机制。要制定切实可行的校园文化建设工作考核指标体系，量化考核标准，明确考核要求。把各院系、各职能部门及各个工作领域教职工的校园文化建设工作纳入年度考核。结合工作实际，建立各级领导责任制和政绩考核制度，对照领导干部各自的校园文化建设工作目标和任务，组织进行年度考核。把教职工在校园文化建设方面取得的业绩（如在教学、科研、管理、服务方面取得创新成果或作为各领域工作精英被校内外媒体宣传、为师生传递正能量等）也纳入年度考核，并把考核结果与奖先评优、职务职称晋升挂钩，以激励和引导教职工结合自身岗位工作积极参与大学校园文化建设，为教育引领师生、繁荣校园文化贡献自己的力量。要建立校园文化建设的指标测评体系，建立科学合理的评估机制。学校要在规范测评指标、细化测评内容、完善测评办法的基础上定期组织测评，确保校园文化建设在不断总结经验、克服不足中创新发展。

（二）建立健全网络文化建设机制

与传统意义上的校园文化相比，网络文化具有信息的丰富性、资源的共享性、空间的虚拟性、交流的互动性、主体行为的平等性等方面的特征❷，在促进先进文化传播方面有着独特的优势。骆郁廷指出，网络文化是"校园文化发展的新形态"，是"文化交流的新载体"，是"大学德育的新渠道"，是"学生发展的新平台"，是"学校文化软实力的新拓展"❸。网络文化是校园文化的延伸，它既是校园文化的一个组成部分，又与社会紧密联系，网络文化建设同校园文化建设一样，也是一项复杂而系统的工程，需要学校从组织保障、舆情引导、网络管理、舆情监控等方面进行机制构建。

1. 建立一套完整的组织保障机制

要加强领导。学校党委书记要亲自抓，并建立网络文化建设工作领导小组，吸纳学校信息办、网络中心、宣传、教师管理和学生管理等职能部门的负责人作为成员，领导小组下设办公室，就网络文化建设工作进行研究策划、统筹协调和组织运行。要健全组织。构建以信息办、网络中心、党委宣传部等职能部门作为专项职能如校园网络基础设施建设、网络运行、网络文化建设和舆情引导监控等责任主体，各二级单位作为属地管理责任主体

❶ 冯正玉，高鹏. 构建校园文化建设机制提升大学生综合素质［J］. 北京青年政治学院学报，2010（3）：44-55.
❷ 任祥，段从宇. 提高高校红色网站传播实效性的问题与对策思考［J］. 云南农业大学学报（社会科学版），2008（6）：23-26.
❸ 骆郁廷. 校园网络文化的发展与创新［J］. 思想政治教育研究，2011（2）：4-7.

的组织体系。各部门分工协作，共同为网络文化建设提供组织保障。要组建一支专家咨询队伍，专家尽可能涵盖思想政治教育、心理健康教育、医学教育、社会经济文化等各个领域，以便发挥专家在决策咨询和化解舆情危机中的作用。要培养一批网上"意见领袖"，发挥他们在大众传播中的引领作用。要明确责任。实行一把手负责制，对各职能部门和二级单位分别实行"职能"管理责任制和"属地"管理责任制，由"使用者""运营者""主管者"三级责任主体各负其责，实行责任追究制。要明确工作规范，健全规章。结合各职能部门和各二级单位的工作实际，明确其具体的工作职责、工作要求和工作规范，各单位要有领导负责网络建设和管理工作，要设负责网络舆情日常的信息员，要建立健全各种规章制度，规范校园网络言论。

2. 建立网络舆情引导机制

校园网络文化建设的根本目的是育人，是要以社会主义先进文化来育人，而网络文化因其自由性、开放性、复杂性和多元性的特点，不能完全符合育人的需要。因此，校园网络文化建设需要由学校主导，从加强先进文化阵地建设、加强大学生的思想道德及法治安全教育、发挥网络"意见领袖"作用入手，构建网络文化引导机制。

（1）优化网络文化环境，加强社会主义先进文化阵地建设。网络纵横贯通，连接着整个世界，在网络上各种文化价值观相互交融碰撞、各种社会思潮风起云涌。要发挥网络文化的育人功能，就必须以社会主义核心价值观为引领，全面加强网络文化建设：要优化网络媒体资源配置，如加强主流网络媒体建设，扩大主流网络媒体的覆盖面、影响力；加强对非主流网络媒体的管理和引导，提升其传播社会主义先进文化的能力等促进网络文化的健康发展——要通过创建各级各类主题教育网站、论坛、博客、微信公众号等网络教育阵地，积极培育社会主义核心价值观，全面占领网络思想政治教育阵地。要培育有思想高度、知识广度、文化厚度、服务热度、时尚鲜度的精品文化，以学生喜闻乐见的形式去赢得关注，同时要"运用各类文化形式，生动具体地表现社会主义核心价值观，用高质量高水平的作品形象地告诉人们什么是真善美，什么是假恶丑"❶，进而增强网络文化育人的实效性。

（2）加强大学生素质教育，增强其网络文明自律意识。大学生在网络上的言行具有较强的自主性、随意性和相对隐蔽性，并随着大学生网络生活方式的不断深化，他们每人每天都要进行大量的网络言行交往，学校很难通过舆情监控的形式全面掌握大学生的一切网络言行，这就需要从网络行为主体（大学生）自身抓起，要全面加强大学生网络道德教育和法治安全教育，通过各级各类主题教育如网络道德、法治、安全相关的教育讲座、案例讨论、网络应用技能竞赛等，广泛开展网络道德教育，积极宣传国家和学校在网络管理方面的法律规章，全面普及网络安全知识及自我保护技能，以全面提升大学生的网络道德水平及法治安全责任意识，引导大学生文明自律、自觉规范网络言行、安全有效利用网络，进而从整体上提升网络行为主体（大学生）的网络文明素养，规范大学生的网络言行，引导网络文化良性发展。

（3）建立畅通的网络舆情表达渠道，消解大学生负性情绪，引导网络舆情。社会学家科塞提出了社会安全阀理论，"认为敌对情绪的发泄具有安全阀的作用，即宣泄激烈的敌

---

❶ 习近平. 习近平谈治国理政 [M]. 北京：外文出版社，2014：165.

对情绪有助于社会结构的维持"❶。大学生在日常的群体生活中会因各种问题或意见分歧而产生压抑的负性情绪，这些负面情绪，如果没有宣泄渠道，在心中积压太久，不仅不利于他们的心理健康，也会影响到他们在网络上的言行如消极、敌对、放纵、攻击等，进而影响网络文化环境的健康发展。因此，一方面，要建立通畅的信访渠道，通过校长信箱、校长接待日、学生信访日、学生服务热线等形式，听取学生反映问题、表达意见、帮助解决其困惑或现实问题、平复学生的情绪。另一方面，要利用网络加强大学生心理健康教育，如创办心理健康教育网站、开展在线心理咨询、在线"谈心谈话"类活动等，为学生疏导负性情绪，排解心理压力，引导学生正确处理在生活、学习、交往中遇到的各种挫折，以减少学生因不良情绪而产生的负面舆情。

3. 建立健全网络舆情监控机制

中共中央、国务院在 2017 年出台的《关于加强和改进新形势下高校思想政治工作的意见》（以下简称《新意见》）中指出，要"加强校园网络安全管理，营造风清气正的网络环境"。当前网络上不少媒体或者为追求更大的商业利益，或者是出于某些政治目的，批量生产着各类不良信息，以至于网络上充斥着各种血腥暴力新闻、各种明星八卦丑闻、各种政治恶意言论、各种低俗色情娱乐等，这些都极大地刺激着广大受众的神经，混淆着人们的视听。这对于正处在成长期、尚缺乏文化判断能力的大学生而言，每日面对海量而复杂的网络信息，他们很难全面、准确地辨别信息真伪，并进行理性思考和判断，也极易受到不良文化信息的误导，陷入人云亦云的误区。由于网络具有开放性、自由性、即时互动性、远程传播性等特点，学生非理性状态下发表的一些负面言论，一旦引起社会关注，很容易引发网络舆情危机，给学生和学校带来不利影响。因此，学校要高度重视网络安全工作，建立健全网络舆情监控机制，确保校园网络文化安全。

（1）重视网络安全，完善网络舆情监测体系。学校要结合工作实际，紧紧抓住重点环节和关键岗位，加强网络舆情监测体系建设。不仅要充分发挥学校网络信息中心的技术监测职能，还要在网络中心、信息化建设办公室、宣传部等相关职能部门和各院系师生群体中组建专（或兼）职的舆情信息员队伍，要求信息员要具有政治敏锐力、深刻洞察力和快速反应能力。通过建立舆情信息员制度、设置舆情收集监测点、建立信息收集监测制度和信息反馈制度，广泛收集信息，进行汇总。舆情信息员负责收集、监测一定范围内的网络舆情信息，一旦发现有异常的网络舆情信息，立即向学校指定的网络舆情监控部门汇报，并由该部门做出信息核查和相关处理。舆情信息员要密切关注校园师生对网络上传播的一些社会热点问题和敏感问题的舆情，还要紧紧围绕大学生关注的热点问题如管理、收费、就业等收集舆情信息，进行动态监测。

（2）建立网络舆情应急防控机制，提升舆情危机应对能力。有些网络舆情如果监控、处理不当，很容易引发舆情危机，影响学校正常的工作秩序，甚至会影响社会的稳定。即便是发表一些爱国性的言论，也可能因情绪激愤而夹杂着一些非理性的内容，如果不加以正确的引导，一旦蔓延和失控，也会影响学校和社会的稳定。因此，学校要建立健全网络舆情的应急防控机制，有效化解舆情危机，以维护学校、社会稳定。要制定周密的校园网

❶　王灵芝. 高校学生网络舆情分析及引导机制研究［D］. 长沙：中南大学，2010.

络舆情应急预案，并针对预案的内容组织相关人员进行必要的培训和操作性演练，建设一支精干的网络舆情应急队伍，提高网络舆情应急快速而准确的反应力和实战能力。要对发现的苗头性问题，组织相关专家进行舆情分析和形势研判，并组织专门人力进行重点跟踪、监控，及时采取必要的正向引导和纠偏等预防措施，控制舆情发展方向，防患于未然。要建立舆情危机事件的快速反应机制，增强危机应对和化解能力。一旦发现有校园网络舆情危机事件发生，学校要立即启动应急预案，主管领导要迅速组织开展工作，相关人员要按照各自的职责分工，积极参与危机事件的处理。危机事件处理完以后，一方面要尽快在网上公布处理结果，引导师生正确认识、正确面对所发生的事件，并恢复学校正常的教学、生活秩序；另一方面还要密切关注该事件网络舆情的进一步发展情况，严防不法分子恶意炒作，使事件节外生枝，出现新的反复。

四、建设文化育人主阵地

文化载体是文化育人不可或缺的媒介要素，既包括物质文化实体，也包括文化活动形式，它既是主体与客体发生关联的重要媒介，也是各构成要素之间协同作用的重要枢纽，在文化育人中具有不可替代的作用。就水利特色院校育人的文化活动形式而言，课程育人、实践育人、环境育人是学校文化育人实践的三个基本文化活动形式，它们在学校立德树人目标的统领下，各自有明确的教育目的，有精心设计选择的教育内容和方法，有育人实践的过程，集教育目的、内容、方法、过程于一身，将文化育人的主体、客体、环境要素有机联系在一起，成为水利特色院校文化育人的主渠道、主阵地。要增强文化育人的整体实效，必须将课程育人、实践育人、环境育人协同起来，使三者优势互补，形成合力，充分发挥文化活动载体的主渠道、主阵地作用。

（一）课程育人

大学生在校成长成才，一个最重要的途径就是通过课程学习来获取自身职业发展和综合素质提升所需要的知识、技能和方法。课程学习以提高大学生思想理论认知、专业技能、思维方法、批判意识、科学与人文精神等为主要目标，是大学生立德树人、获得全面发展的主渠道。课程育人即"以课堂、课程、课本等理论教育的方式进行思想、政治、道德等知识的传授"❶。它作为一种重要的文化活动载体，位于文化育人三大文化活动载体之首，在文化育人中发挥最为重要的主渠道、主阵地作用。

要建设好课程育人的主阵地，充分发挥理论育人作用，就要加强以思想政治教育和马克思主义理论教育为主要内容的哲学社会科学课程建设。哲学社会科学课程具有重要的育人功能，它既能帮助学生养成科学的思维习惯，形成正确的价值观，也能帮助学生提高思想道德修养、完善人格。哲学社会科学课程是文化育人阵地建设的重中之重，也是落实"立德树人"任务的根本抓手。要用好课堂教学主渠道，一要增强思想政治教育课程的亲和力和针对性，二要加快构建中国特色哲学社会科学学科体系和教材体系，三要让其他各类课程与思想政治理论课同向同行，形成协同效应。

在当前社会深化转型时期，人们价值取向呈多元化发展，社会文化环境也越来越复杂化，这既给社会主义道德规范提出新挑战，也给思想政治教育提出新课题。理论教育如果

---

❶ 骆郁廷，郭莉. "立德树人"的实现路径及有效机制［J］. 思想教育研究，2013（7）：45－49.

不能紧密联系社会和学生的发展实际，就很难为学生所接受，也很难发挥出课程育人的重要作用。因此，要发挥课程育人的吸引力、说服力和影响力，必须紧密联系社会发展实际和学生思想实际，关注社会发展对学生思想道德产生的影响，关注大学生自身发展，建设大学生的精神家园；必须围绕立德树人根本任务，科学制定人才培养方案，突出"以学生为中心"的教学理念、明确人才培养目标定位、优化教学内容与课程体系、完善实践教学体系、改进教学方法、改革学生学业水平考核与评价、强化学生创新创业能力培养；必须注重将立德树人融入教育教学全过程，注重将促进学生专业发展与促进学生自主发展、全面发展、协调发展相融合，强调夯实基础、拓宽专业、强化实践，培养具有良好的职业素养和社会责任感、创新精神、实践能力和终身学习能力，基础扎实、视野宽、能力强、素质高的专业人才。

（二）实践育人

实践是认识的源泉，也是育人的基本途径之一。美国教育学家杜威提出"教育即生活"，他认为，人就是在生活过程中、在与周围环境的互动过程中，不断积累经验、获得完善和发展的，生活本身就具有教育的意义。思想政治教育是社会共同生活的需要，其工作的开展也离不开受教育者的生活世界。生活世界是受教育者在实践中感知的世界，它是人们认识世界、改造世界，发展各种能力素质的主要场域，思想政治教育离不开人们的生活世界，一旦离开，就把思想政治教育与生活实践割裂开来，使思想政治教育缺乏针对性和实效性。思想政治教育只有立足于受教育者的生活世界和他们的生活实践才有其存在的价值和意义。

实践活动对大学生树立正确价值观、增强社会责任感、提高实践能力具有不可替代的作用。实践育人的成效在很大程度上取决于受教育者在生活世界中实践活动的广度和深度，取决于他的感悟和理解。思想政治教育越是扎根于受教育者的生活实践，越是融于他们的生活世界，它就越有生命力，越容易取得教育实效。大学生思想政治教育要"贴近实际、贴近生活、贴近学生"，进而强调思想政治教育的人文关怀性和生活实践性。大学生作为实践的主体，只有其主体性得到充分发挥，思想政治教育的实效性才能得以显现。从这个意义上讲，"融于生活实践"是思想政治教育发展的内在诉求。

文化育人强调文化价值观念的内化与外化，无论是文化内化与外化都需要个体自身付诸文化行为实践。这种转化实践并非一日之功，而是一个渐进式发展的人文化成的过程，需要融于大学生日常文化生活实践之中。而当前水利特色院校文化育人还存在学生知行不一、实践育人不足的问题。要克服这一问题，必须立足于大学生的日常生活实践，充分发挥实践育人的主渠道作用。

实践育人的形式是丰富多样的，育人途径也是非常广泛的。最基本的实践育人途径体现在两方面：一是结合学生日常教育和管理，以一日生活制管理和各级各类主题教育为抓手，进一步完善思想政治教育工作机制，深入挖掘和利用各种主题教育资源，创新教育载体，有针对性地加强大学生思想政治教育和生活养成教育。二是结合学团建设活动，以学习创新型团组织建设和各级各类文化实践活动为抓手，创新学生干部培养和学生社团建设机制，强化学生投身实践、践行社会主义核心价值观的意识，加强大学生实践创新能力培养。同时以社会实践活动为载体，加强社会责任教育，"培养大学生服务国家、服务社会、服务人民的社会责任感"❶。

社会实践是正确思想形成发展的源泉。大学生参与社会实践的过程，既是向社会学习的过程，也是更新思想观念、提高实践能力、增长才干的过程。进行实践育人，要积极探索社会实践与专业学习、服务社会、勤工助学、择业就业等相结合的管理体制，认真组织学生参加各级各类实践活动，使大学生在社会实践中受教育、长才干、作贡献，增强社会责任感。

（三）环境育人

环境是指能够影响大学生在校学习生活和成长的整体意义上的校园文化环境。校园文化是指"大学在长期学术实践活动中日益积累的物质和精神成果的总和"❷，校园文化从不同的视角可有不同的分类，如"物质文化、制度文化和精神文化"三类分法，在三类基础上增加"行为文化"的四类分法，以及在四类基础上增加"组织文化"的五类分法，等等。目前，学术界普遍认可的是三类分法，其中精神文化是校园文化的核心和灵魂，表现为大学人共同秉持的价值观念和行为准则。校园文化是大学生思想政治工作的重要载体，也是培养创新型人才的重要条件，更是提高大学核心竞争力的重要手段。从价值论角度看，校园文化的根本价值在于对大学生进行文化熏陶、提高其文化选择能力、进行大学文化创造和大学精神文化培育，进而发展社会主义先进文化，引领社会文化健康发展。从育人功能角度看，校园文化对大学生思想行为有着潜移默化的影响，主要有价值导向功能、思想凝聚和激励功能、行为规范和约束功能、情感陶冶功能等。

校园文化的内容十分丰富，不仅具有鲜明的系统性、价值蕴含性，还具有融合共生性，虽然可以按照不同标准进行人为的分类，但当校园文化作为环境育人的载体时，它是以隐性的文化环境整体出现的。校园文化环境育人是以整体的、隐性的、价值渗透的方式进行，是校园文化氛围熏陶、濡染功能的体现。而且，它是指校园文化氛围的长期熏陶和濡染，而不是指某一具体活动或某一种具体事件对人所产生的影响。校园文化环境不是自发形成的，而是通过学校自主、自觉地构建而形成的。因此，要充分发挥环境育人的功能，必须自觉加强校园文化建设，优化校园文化环境。"要努力加强校风、教风和学风建设，优化校园文化环境，营造良好的校园育人氛围""要加强学校宣传文化阵地建设与管理"❸，这是对优化校园文化环境的要求，也是对文化育人阵地建设的要求。

构建校园文化育人环境，要认真贯彻党的教育方针，坚持以社会主义先进文化为主导，系统地加强校园文化的软硬件环境建设，要大力加强大学精神文化建设，对学校历史发展进程中形成的优秀精神品质和精神内涵进行深入挖掘，找准其与大学生素质教育的结合点，进一步凝练学校育人的文化精髓；要大力培育优良的校风、教风和学风，推进学校规范办学，依法治校，切实树立良好的大学形象，提升大学文化品位；要系统建设校园的物质文化环境、观念文化环境、行为文化环境、教学文化环境、学术文化环境、管理文化

---

❶ 王秀彦. 高等学校立德树人的实践探索——北京工业大学"立德—立业—立人"育人模式 [J]. 教育研究，2014（10）：146-150.

❷ 教育部高等学校社会科学发展研究中心. 大学校园文化建设研究述评 [M]. 北京：教育科学出版社，2011：25.

❸ 骆郁廷，郭莉. "立德树人"的实现路径及有效机制 [J]. 思想教育研究，2013（7）：45-49.

环境、服务文化环境、网络文化环境、媒体舆论环境等各级各类校园亚文化环境；要完善校园文化建设的组织支撑体系，发挥各文化建设单位的育人主体作用；要完善校园文化建设和文化育人长效机制，全方位营造积极进取、健康向上，具有学校特色的校园文化，进而陶冶学生的情操，净化学生的心灵，使其发挥"润物细无声"的育人功能。

作为水利特色院校文化育人的三大主阵地，课程育人、实践育人、环境育人三者相辅相成、优势互补，共同构成一个完整的水利特色院校文化育人机制。其中课程育人居于三者之首，是最大、最基础的主阵地，以最规范、最系统、最全面、最直接、最科学的方式发挥其教育引导作用；实践育人，是第一课堂理论教育最有力、最有效的延伸和补充，作为文化育人不可或缺的第二课堂，在促进大学生理论与实践相结合、知行统一方面发挥着重要作用；环境育人，是在第一、二课堂文化育人之外，校园文化环境从整体上对大学生产生的影响。由于文化环境的影响是一种必然的存在，尽管从序列上排在课程育人和实践育人之后，但其对大学生产生的影响作用是不可或缺、不可替代、绝对不能忽视的。对水利特色院校而言，只有充分发挥出课程育人、实践育人、环境育人各自的优势，促进三者形成优势互补，协同育人，才是真正建设了文化育人的三大主阵地，也才能提高文化育人实效。

第四节　完善文化育人效果评价

2020 年 10 月 13 日，中共中央、国务院印发的《深化新时代教育评价改革总体方案》强调要"系统推进教育评价改革，坚持科学有效，改进结果评价，强化过程评价，健全综合评价"❶，新时代水利特色院校文化育人要按照中央和教育部关于人才培养评价的要求，坚持育人导向，优化评价激励，强化文化育人效果评价的价值导向、过程导向、结果导向，增强效果评价的引领性、针对性、激励性。

一、价值导向：增强水利特色院校文化育人效果评价的引领性

新时代应以更高远的历史地位、更广阔的国际视野、更深邃的战略眼光对水利特色院校文化育人效果和质量评价做出总体设计，明确水利特色院校文化育人效果评价的价值导向，不断使文化育人同党和国家事业发展要求相适应，同人民群众期待相契合，同大学生成长发展的需求和实际相贴近。

统筹新时代水利特色院校文化育人效果评价的目标设定。水利特色院校文化育人效果评价的目标设定直接关系效果评价工作的实施和评价结果的情况。水利特色院校文化育人效果评价的目标必须是明确的，无论是评价者还是评价对象都对效果评价的任务及其进展有全面的认识。水利特色院校文化育人效果评价目标必须是可以精准描述出来的，而不是模糊不清的。水利特色院校文化育人效果评价的目标一定是可以实现的，也要充分考虑水利特色院校文化育人目标必须与其他目标的相关性，水利特色院校文化育人效果评价的目标必须关照和契合人的发展，与人的发展阶段性目标相关。水利特色院校文化育人效果评

---

❶　中共中央、国务院印发《深化新时代教育评价改革总体方案》［DB/OL］. 中华人民共和国中央人民政府，2020－10－13.

价的目标完成也必须有时间限制，判断事物的发展必须以一定的时空为条件，没有时间限制的目标是没有办法进行考核和评价的。水利特色院校文化育人效果评价的目标设计也要统筹考量以下三个方面前提：

（1）要突出水利特色院校文化育人预期目标的科学设立。预期目标的设立对判定水利特色院校文化育人的效果非常重要，预期目标的设立，决定着水利特色院校文化育人工作执行的难度，进而决定着水利特色院校文化育人的效果。总体上看，预期目标设置得越低，水利特色院校文化育人工作就容易完成，高质量育人效果的概率就越大；同样道理，预期目标设定得越高，水利特色院校文化育人工作执行难度就越大，高质量育人效果出现的概率就越小。因此，以不同的预期目标为前提，就会得出不同的育人效果评定结果，水利特色院校文化育人效果评价必须考虑预期目标设立问题。

（2）要重视对大学生思想精神文化现实状况的基本把握。按照思想政治教育评价的有效性理论，水利特色院校文化育人的有效性就是经过教育之后的大学生的精神文化状况优于或高于接受教育之前的思想道德和精神文化水平，接近或达到了预期的目标设定。水利特色院校文化育人效果评价与大学生思想道德和精神文化水平的评价直接相关，总体情况下，当大学生思想道德和精神文化素质好于过去水平，人们普遍对当前大学生思想道德和精神文化素质状况表示满意，就会得出水利特色院校文化育人效果好的结论。与之相反，如果人们普遍认为与之前相比，当下大学生的思想道德和精神文化素质总体比较差，就会得出水利特色院校文化育人效果不好的结论。由此可见，水利特色院校文化育人效果评价与当下和之前大学生精神文化素质状况的对比评定密切相关，要对水利特色院校文化育人进行全面科学的判断，必须要对当下大学生思想道德和精神文化素质有全面真实的把握。

（3）对水利特色院校文化育人有效性的全面认定。水利特色院校文化育人效果评价，不仅要对预期目标合理性和对大学生精神文化状况的准确判断，还要对水利特色院校文化育人的效果、效益、效率，以及有效性、时效性及其变化予以准确把握。不同的学校育人理念、人力、物力、财力投入，以及育人文化环境和氛围不同，而且同一学校的文化育人软硬件条件都是变化的。在水利特色院校文化育人预期目标和大学生精神文化状况一定的条件下，水利特色院校文化育人质量的高低就决定于水利特色院校文化育人的整体效果。因此，水利特色院校文化育人效果必然涉及三个前提：一是经验教育所要达到的理想目标状态，这是水利特色院校文化育人的"应然状态"；二是在接受教育前大学生思想道德和精神文化的自然状态，这是水利特色院校文化育人的"本然状态"；三是经过教育后大学生思想道德和精神文化水平达到的现实状态，这是水利特色院校文化育人效果的"实然状态"。与之相适应，科学客观有效的水利特色院校文化育人评价，必然要考量应然目标设立的合理性，本然与实然对比判断的客观性，本然达到应然的确定性。这三个方面互相依存，共同构成水利特色院校文化育人评价的前提，任何一个前提认识或判断的偏差都会导致水利特色院校文化育人效果评价的失准。

找准新时代水利特色院校文化育人效果评价的理论依据。依据什么样的理论构建水利特色院校文化育人效果评价体系，是评价工作的前提和基础。有学者研究认为马克思、恩格斯关于人的全面发展的论述为德育评估指明了目标和方向，唯物史观奠定了德育评估的基础❶，马克思、恩格斯的价值理论是德育评估的基石❷，有研究认为，马克思主义哲学提供了质量评价的科学依据，中国共产党主要领导人的相关论述为质量评价提供了强大的理论支撑，思想政治教育方面的政策法规为质量评价提供了重要的理论来源。❸ 有学者认为思想政治教育工作质量评价要把握时代特征，要坚持质量评价的正确政治方向，遵循质量评价的内在规律、体现质量评价的价值导向、注重质量评价的整体建构、完善质量评价的机制。❹ 有研究提出，高校思想政治教育工作质量评价要开阔视野，要借鉴相关学科中的评价知识与方法，借鉴国外高等教育机构相关教育评价活动的做法与经验。❺ 各种理论研究和梳理为水利特色院校文化育人质量评价提供了借鉴和参考。水利特色院校文化育人是一项复杂的育人工作，其质量评价的理论构建要体现其本质要求和内在规律。国内外关于教育质量评价的理论和方法很多，水利特色院校文化育人效果评价应重点把握好以下理论：

（1）目标达成理论。这种理论主要是由美国学者泰勒提出的，他认为教育评价过程"是一个确定课程与教学计划实际达到教育目标的程度的过程"，也是"一种确定行为发生实际变化程度的过程。"❻ 这种教育评估重视结果，轻视过程，这种观点认为教育评价实际上就是比较实际效果与预期效果之间的差距。

（2）过程评价理论。这种理论把教育评价作为一个过程，评价结果重视过程，轻视结果，认为教育评价的目的是优化过程。教育评价"不是为了证明，而是为了改进"。❼ 过程性评价理论认为教育评价不是一次性完成的，而是一个渐进性生成过程，教育评价不仅是阶段性的评价，还是一个长期性的评价。

（3）价值评价理论。这种理论主要从价值效用和功能角度来看待教育评价。艾斯纳认为教育评价根本上是教育鉴赏和教育评判，教育鉴赏是指细致欣赏教育现象及其要素的能力，教育批评则是展示鉴赏结果的方法，包括描述教育事件和对描述现象作出优缺点的价值判断。❽

（4）有效性评价理论。这种理论认为教育是一个效果、效益、效率的有机统一。对教育评价，既要考察其达到教育者、社会所期望的教育目的的程度，也要考察其符合教育对象思想变化规律的程度以及满足教育对象内在需要的程度，同时也要考察教育在实施过程中的成本投入与产生效果和效益的比例。❾ 由此可以理解，水利特色院校文化育人效果评价，既包括质量评价，也包括价值评价，是对水利特色院校文化育人有效性评价和育人价值评价的统一；既包括过程评价，也包括结果评价，是关注水利特色院校文化育人过程实

❶ 秦尚海. 高校德育评估论 [M]. 北京：中国社会科学出版社，2006：86-89.

❷ 赵祖地. 高校德育评估研究 [D]. 南京：南京师范大学，2014.

❸ 张迪. 高校思想政治教育工作质量评价的理论基础初探 [J]. 思想教育研究，2018（4）：61-64.

❹ 冯刚. 思想政治教育工作质量评价的时代特征 [J]. 思想教育研究，2018（5）：67-71.

❺ 陈丹. 高校思想政治教育工作质量评价的知识借鉴 [J]. 思想教育研究，2018（4）：57-60.

❻ Tyler R W. Basic Principles of Curriculum and Instruction [M]. Chicago：The University of Chicago Press，1949：105-106.

❼ 陈玉琨. 教育评价学 [M]. 北京：人民教育出版社，1999：16.

❽ 李子健，等. 课程：范式、取向与设计 [M]. 香港：香港中文大学出版社，1986：399.

❾ 傅翔. 思想政治教育有效性的科学评价研究 [J]. 学校党建与思想教育，2009（5）：54-55.

施和关注育人目标达成的统一；既包括量化评价，也包括质性评价，是水利特色院校文化育人定性评价与定量评价的统一。简单来说，水利特色院校文化育人效果评价，不是单纯的技术性工作，也不是简单的现象客观叙述，是包含对水利特色院校文化育人质和量的描述和价值的判断；水利特色院校文化育人效果评价不但是为了评定绩效，也不只是为了做出决定，而是为了更好调控育人过程，更好实现育人目标。

聚焦新时代水利特色院校文化育人效果评价的价值设定。从"国之大计、党之大计"的高度来认识水利特色院校文化育人的战略地位。习近平总书记提出的"教育是国之大计、党之大计"的重要论断，是对新中国 70 多年教育改革发展经验的深刻总结，是从教育现代化发展实践中总结升华的理论成果。实现"两个一百年"奋斗目标，实现中华民族伟大复兴，归根到底靠人才、靠教育。水利特色院校文化育人效果评价的价值应聚焦人才培养是否实现了为国育人与为党育人的内在统一。从中国特色社会主义现代教育体系的"三个根本"认识水利特色院校文化育人的根本要求。根本问题：围绕培养什么人、怎样培养人、为谁培养人。根本任务：培养社会主义建设者和接班人。根本保证：加强党对教育工作的全面领导。古今中外之于教育概莫能及的事实就是，人才培养为统治阶级服务，为国家民族发展服务。中华人民共和国成立以来，我们党始终把"德育"放在培养目标的首位。文化育人是一个育人和育才相统一的过程，而育人是根本。我们党围绕培养什么人、怎样培养人、为谁培养人这个根本问题，全面加强党对高校教育工作的领导，坚持立德树人，厚植学生爱国主义情怀，增长知识见识，加强学校思想政治工作，培养学生有大爱大德大情怀的人。着力培养学生的奋斗精神，引导学生树立高远志向，培养学生乐观向上的人生态度，做刚健有为、自强不息的人。在学生中弘扬劳动精神，在劳动中塑造学生的人格和心灵。我们办的是社会主义教育，要培养社会发展、知识积累、文化传承、国家存续、制度运行所要求的人，培养一代又一代拥护党、拥护社会主义制度的时代新人。中国特色社会主义最本质的特征是中国共产党领导，中国特色社会主义制度的最大优势是中国共产党的领导，党是最高政治领导力量。党组织要"纵到底、横到边、全覆盖"，牢牢把握高校意识形态工作的领导权。"立什么德，树什么人"的问题是水利特色院校文化育人的根本问题，也是文化育人质量的目标指向。立德树人与中国特色社会主义事业不同阶段人才培养具体目标的统一，为高校育人工作指明了方向，要考察水利特色院校文化育人的实际情况，就要以立德树人为基点开展水利特色院校文化育人质量的评价。也就是说，水利特色院校文化育人质量评价围绕着立德树人根本任务展开，也就遵循了水利特色院校文化育人工作的正确方向。要聚焦水利特色院校文化育人正确的政治方向。习近平总书记反复强调，中国共产党的领导才是社会主义大学的本质特征，要坚持党对高校育人工作的全面领导，确保高校的社会主义办学方向不偏移、不走样，巩固培养社会主义事业建设者和接班人的坚强阵地。这就警示我们，只有坚持以马克思主义为指导，用习近平新时代中国特色社会主义思想铸魂育人，始终把社会主义核心价值观教育摆在更加重要位置，把党的期望和要求落实落细，熔铸于人才培养全过程，才能牢牢把握社会主义办学方向，夯实师生的思想文化根基，为高校师生提供强大价值引领。水利特色院校文化育人质量评价具有鲜明的文化价值导向性，通过质量评价，引导水利特色院校育人工作适应人的精神文化需求和社会先进文化建设的需要，保证水利特色院校文化育人工作高效有序运行，实现个体文化素质提升和社会先进文化价值的内在统一。在水利特色院校文化育人的实践和具体活动运行中，质量评价的功能和作用就在于对文化育人主体活动的正确方向做出认定，对育人过程进行判断调控，对育人效果做出价值判断。这种认定、调控和判断具有强大的激励和导向功能，使水利特色院校更好发挥"十育人"体系的文化功能，落实好以文化人、以文育人的要求，确保水利特色院校的人才培养工作坚持正确的政治方向。从教育改革发展的"九个坚持"基本方向认识水利特色院校文化育人的价值指向。坚持优先发展教育事业，中华民族素来有尊师重教的优良传统。把优先发展教育事业作为一种教育文化、质量文化。坚持扎根中国大地办大学，扎根中国，融通中外、立足时代、面向未来，使学校文化建设彰显中国独特的历史、独特的文化、独特的国情。让中国特色社会主义教育发展道路越走越宽广。坚持以人民为中心发展教育。现代化的核心是人的现代化，塑造灵魂、塑造生命、塑造新人，学校是基本场所，教育是根本途径，文化育人是重要手段。坚持以人民为中心的教育思想，让人民享受更公平而有质量的教育，让每一名大学生的人生都能出彩。

二、过程导向：提升水利特色院校文化育人效果评价的针对性

2019 年 2 月，中共中央、国务院印发了《中国教育现代化 2035》。《中国教育现代化2035》是未来中国教育现代化建设的纲领性文件，目标是要到 2035 年，总体实现教育现代化，迈入教育强国行列，推动我国成为学习大国、人力资源强国和人才强国。水利特色院校文化育人效果评价要充分关照我国教育现代化的质量要求，需要考虑效果评价的内容导向，效果评价的基本原则，提升育人效果评价方法途径的针对性有效性。

明确新时代水利特色院校文化育人效果评价的内容导向。有研究认为，大学生社会主义核心价值观培育的内容包括内容要素和呈现形式两个方面。从内容要素方面看，不仅可以从国家、社会、个人三个层面观察，还可以扩展到对整个社会主义核心价值体系的培育。从呈现形式看，主要聚焦在教育形式和传播形式两个方面。[1] 这为水利特色院校文化育人效果评价提供了重要启发。水利特色院校文化育人包含了育人主体、育人客体、育人内容、育人过程等要素，水利特色院校文化育人效果评价的内容，不仅是对水利特色院校文化育人内容的考察，更要从宏观上和整体上对整个水利特色院校文化育人的主客体状况、育人的内容和过程情况的把握，因此，水利特色院校文化育人效果评价的内容，主要应该从水利特色院校文化育人的需求侧、供给侧和管理侧三个维度来评价和判断。

1. 水利特色院校文化育人的需求侧评价

"需求侧"是一个经济学领域的概念，其主要涵义是指在一定时期既定价格水平下，消费者有能力购买的商品或服务的意愿或需求及其满足程度。水利特色院校文化育人工作也可以看成是一种为了党和国家事业发展以及大学生成长发展需要而提供的一种服务，只有为党和国家事业发展提供了有效服务和保障、为大学生的成长发展和精神文化需求提供了有效服务和满足，才是高质量的水利特色院校文化育人工作。需求侧评价关注的是主体需求及其满足情况，因此在水利特色院校文化育人效果评价中处于根本的核心的地位。水利特色院校文化育人的需求侧的内容要素主要包括以下两点：

---

❶ 林立涛. 大学生社会主义核心价值观培育评价机制构建研究［J］. 思想理论教育导刊，2018（6）：79－81.

（1）党和国家的事业发展需求以及对社会主义建设者和接班人培养的需求。在新时代就是看高校是否实现了正确的服务指向，是否做到了"为人民服务，为中国共产党治国理政服务，为巩固和发展中国特色社会主义制度服务，为改革开放和社会主义现代化建设服务"；就是要看高校是否承担起了新时代人才培养的责任和使命，致力于把培养担当民族复兴大任的时代新人责任紧紧抓在手里、扛在肩上。

（2）青年学生成长发展的现实需求，特别是大学生丰富多彩的高品位精神文化需求。在中国特色社会主义新时代就是要看大学生的精神世界是否得到丰富、思想灵魂是否得到洗礼、价值观念是否得到塑造；要看大学生是否真心拥护和热爱中国共产党领导和我国社会主义制度，是否立志要为中国特色社会主义事业奋斗终身，立志成为现代化建设的有用人才，是否成为"有思想、有情怀、有责任、有担当的社会主义建设者和接班人"，❶ 是否能够正确认识世界和中国发展大势、科学理性地认识中国特色和国际比较、勇于扛起时代责任和历史使命，真正成为把远大抱负融入具体实践、脚踏实地地担当起民族复兴大任的时代新人。由于教师是水利特色院校文化育人的重要实施者，教育者的思想文化素质决定了教育的水平和青年学生的思想文化素质，教育者要先接受教育。因此，水利特色院校文化育人需求侧的内容要素也可以拓展到教师的发展需求，特别是教师的精神文化需求。在中国特色社会主义新时代就是要聚焦教师是否自觉以德立身、以德立学、以德施教，自觉成为有坚定理想信念、有高尚道德情操、有扎实学识、有仁爱之心的"四有好老师"。

2. 水利特色院校文化育人的供给侧评价

"供给侧"是当下耳熟能详的社会主义现代化改革领域的热词。经济学领域的供给侧，主要是指在一定时间和价格条件下生产者能够提供商品数量或服务的情况。水利特色院校文化育人效果从本质上可以看成是高校为党和国家事业发展需要以及青年学生成长及教师发展需要提供服务的能力和水平。中国特色社会主义新时代，水利特色院校文化育人供给侧评价要聚焦学校是否以落实立德树人为根本任务，加强理想信念和社会主义核心价值观教育，用习近平新时代中国特色社会主义思想铸魂育人；聚焦是否重视方式方法创新，重视丰富文化内容、创新文化教育和传播方式，发挥课堂教学主渠道和日常校园文化活动主阵地，积极占领网络思想文化阵地，切实增强水利特色院校文化育人的思想性、理论性和亲和力、针对性；聚焦是否重视各种文化资源和文化载体的整合利用，形成目标一致功能协同的水利特色院校文化育人共同体。

3. 水利特色院校文化育人的管理侧评价

水利特色院校文化育人是有目的、有计划、有组织的文化实践活动，水利特色院校文化育人的组织管理发挥着统领水利特色院校文化育人工作全局，协调水利特色院校文化育人需求侧和供给侧的作用。因此水利特色院校文化育人管理侧评价就是对水利特色院校文化育人的组织领导、统筹协调、激励保障等方面情况的评价。中国特色社会主义新时代，水利特色院校文化育人管理侧评价要聚焦学校是否牢牢把握社会主义办学方向，巩固马克思主义在学校意识形态领域的指导地位；聚焦学校党委及其各级党组织是否落实办学治校

---

❶ 习近平. 在中国科学院第十九次院士大会、中国工程院第十四次院士大会上的讲话［M］. 北京：人民出版社，2018：24－25.

和人才培养主体责任、加强意识形态阵地管理，形成党委统一领导各部门各司其职协同配合的水利特色院校文化育人领导体系和工作格局；聚焦学校是否加强工作投入和保障，形成科学有效的水利特色院校文化育人运行机制和保障机制。

把握水利特色院校文化育人效果评价的基本原则导向。理论界关于思想政治教育质量评价的原则研究比较多。有研究认为大学生思想政治教育评价要坚持政策性与规律性相统一、专家主导与群众参与相结合、定性评价与定量评价相结合、直观评价与间接评价相结合、过程评价与结果评价相结合的原则。❶有研究提出高校思想政治教育工作质量评价要坚持政治评价与业务评价相统一、坚持客观评价与主观评价相统一、坚持结果评价与过程评价相统一、坚持定性评价与定量评价相统一、坚持精准评价与模糊评价相统一。❷有研究提出高校思想政治教育质量评价要处理好即时评价与长效评价的关系、整体评价与局部评价的关系、静态评价与动态评价的关系、定量评价与定性评价的关系；❸有研究则提出了高校思想政治教育实效性评价的指标设置原则，认为高校思想政治教育实效性评价的指标应以政策为指导，应体现教育效果的合目的性、教育目标的层次性和教育评估的全面性。❹水利特色院校文化育人作为高等教育或高校思想政治教育的范畴，已有关于高等教育领域相关质量评价的原则研究可以为水利特色院校文化育人质量评价原则的设置提供重要依据和参考。综合相关研究，水利特色院校文化育人质量评价应该重点把握以下原则：一是政治性与规律性相统一的原则。2017年5月3日，习近平总书记在中国政法大学考察时强调，"高校党委要履行好管党治党、办学治校的主体责任，把思想政治工作和党的建设工作结合起来，把立德树人、规范管理的严格要求和春风化雨、润物无声的灵活方式结合起来"。❺习近平总书记提出的严格要求与灵活方式的结合的工作原则和要求，实际上就是政治性与规律性相结合的原则要求。习近平总书记在2019年3月18日学校思想政治理论课教师座谈会上也提出，思想政治理论课守正创新要坚持政治性与学理性相统一的原则，学理性从本质上讲也是对规律性的把握。政治性是指水利特色院校文化育人质量评价必须坚持正确的政治方向，符合党的路线和方针、政策。教育要为党治国理政服务，为社会主义建设服务，水利特色院校文化育人质量评价体系的价值观要"集中体现在一定时期党和政府有关思想政治教育的政策法规中"。❻"新时代贯彻党的教育方针，要坚持马克思主义指导地位，贯彻习近平新时代中国特色社会主义思想，坚持社会主义办学方向，落实立德树人根本任务，坚持教育为人民服务、为中国共产党治国理政服务、为巩固和发展中国特色社会主义制度服务，扎根中国大地办教育……努力培养担当民族复兴大任的时代新人，培养德智体美劳全面发展的社会主义建设者和接班人。"❼这是水利特色院校文化

❶ 李伟东. 论大学生思想政治教育实效性评价的原则［J］. 湖北社会科学，2008（7）：167–169.

❷ 赵静. 高校思想政治教育工作质量评价的基本原则［J］. 思想教育研究，2018（2）：69–72.

❸ 刘俊峰. 高校思想政治教育工作质量评价的几个关系［J］. 思想教育研究，2018（5）：81–85.

❹ 张红霞. 高校思想政治教育实效性评价指标探析［J］. 思想理论教育导刊，2011（5）：98–101.

❺ 习近平在中国政法大学考察时强调：立德树人德法兼修抓好法治人才培养 励志勤学刻苦磨炼促进青年成长进步［N］. 人民日报，2017–05–04.

❻ 王茂胜. 思想政治教育评价论［M］. 北京：中国社会科学出版社，2006：70.

❼ 习近平主持召开学校思想政治理论课教师座谈会强调：用新时代中国特色社会主义思想铸魂育人 贯穿党的教育方针落实立德树人根本任务［N］. 人民日报，2019–03–19.

育人必须坚持的政治原则。规律性原则是指水利特色院校文化育人质量评价必须遵循其自身的规律，按照客观规律办事。规律是事物发展过程中本质的必然的联系。水利特色院校文化育人要充分挖掘育人要素，完善育人机制，优化激励导向，强化工作保障，充分发挥"十大育人体系"中的文化育人功能，遵循思想政治教育规律、大学生成长规律和文化传播发展规律，"把立德树人的成效作为检验学校一切工作的根本标准，真正做到以文化人、以德育人，不断提高学生思想水平、政治觉悟、道德品质、文化素养，做到明大德、守公德、严私德"。❶ 政治性评价与规律性评价是密切联系、不可分割的。政治性评价决定水利特色院校文化育人效果评价的性质和方向，规律性评价是高校效果评价的前提和基础，离开了政治性评价水利特色院校文化育人效果评价就会偏离方向，离开规律性评价水利特色院校文化育人效果评价就没有了基础。二是底线性与过程性相统一的原则。底线标准评价是指明确制定高校育人工作运行各环节的底线标准和底线规范。习近平总书记非常重视运用底线思维的方法看待问题、解决问题，强调"要善于运用'底线思维'的方法，凡事从坏处准备，努力争取最好的结果，这样才能有备无患、遇事不慌，牢牢把握主动权"。❷ 适度原则是底线思维的本质内涵，水利特色院校文化育人效果评价坚持底线思维，就是要把握水利特色院校文化育人质变量变关系中的"度"，提高文化育人的平衡性和适度性。过程评价是指在底线标准之上，围绕学校育人目标来制定短期及中长期发展规划或工作计划，效果评价要根据发展规划或工作计划实施情况，提出改进意见，以此来促进水利特色院校文化育人质量的提升。习近平总书记强调，我们做一切工作，都必须统筹兼顾，处理好当前与长远的关系。我们强调求实效、谋长远，求的不仅是一时之效，更是长远之效。❸ 由于水利特色院校文化育人工作是一个动态的、系统的工程，水利特色院校文化育人效果评价既要关照当下的实际工作和效果，又要着眼长远，坚持动态的、发展的眼光，关照水利特色院校文化育人的动态变化和长期效果。在水利特色院校文化育人质量评价中，底线性评价和过程性评价是内在统一的，底线是过程中的底线，过程是有底线的过程，底线关照效果评价的限度，过程关照效果评价的发展。三是统一性与多样性相统一的原则。习近平总书记在2019年3月18日学校思想政治理论课教师座谈会上提出思想课改革创新坚持统一性与多样性相统一的要求，这个要求虽然是针对思政课教学提出来的，但也是适用于水利特色院校文化育人的普遍性原则要求。水利特色院校文化育人坚持统一性，就是人才培养目标、人才培养内容、人才培养管理等方面的要求是统一的；多样性就是不同层次水利特色院校要"因地制宜、因时制宜、因材施教"。与此相适应，水利特色院校文化育人效果评价坚持统一性原则，就是评价的目标、标准、流程等是统一的；水利特色院校文化育人效果评价坚持多样性原则，就是要充分关照不同层次、不同类型学校的实际情况，充分关照大学生丰富多彩的成长发展需求，"一把钥匙开一把锁"。在水利特色院校文化育人评价中，要牢牢把握统一性评价与多样性评价的辩证统一。四是精准性和模糊性相统一的原则。习近平总书记特别强调开展工作的精准性，比如谈到精准扶贫，他强

❶ 习近平. 在北京师范大学师生座谈会上的讲话 [M]. 北京：人民出版社，2018：7.
❷ 中共中央宣传部. 习近平总书记系列重要讲话读本 [M]. 北京：学习出版社，人民出版社，2016：288.
❸ 习近平. 之江新语 [M]. 杭州：浙江人民出版社，2008：102.

调要"对不同原因、不同类型的贫困，采取不同的脱贫措施，对症下药、精准滴灌、靶向治疗。"❶ 水利特色院校文化育人效果评价的总体目标、评价内容、指标体系等是决定评价结果的关键，必须清晰明确，各项评价指标的内涵要义、外延要素必须清晰明确，而且是可测量、可观测的，水利特色院校文化育人的效果评价结论也必须是清晰明确的，不能模棱两可、含糊不清。同时，由于水利特色院校文化育人的特殊性，决定水利特色院校文化育人评价只采用精准评价是不行的，必须与模糊评价相结合。有学者研究认为高等教育质量本身是一个灰色系统，高等教育质量是一个模糊概念。由于高等教育质量内涵明确但无法准确计量，外延广阔但无法准确把握、无法进行完全的质量量化评价。❷ 水利特色院校文化育人工作说到底也是做人的工作，要围绕学生、关照学生、服务学生，这充分说明了水利特色院校文化育人工作的抽象性和复杂性，也体现了水利特色院校文化育人精准测评的难度和模糊性评价的必要性。如对大学生文化自信的状况的评价，本身是比较抽象的，我们就需要通过大学生对坚持马克思主义、拥护党的领导的决心，对中国特色社会主义道路的自信，对共产主义信念等情况的判断，用模糊评价的方式，把定性的问题转化成定量分析，用数理的方法测算出来。在水利特色院校文化育人质量评价中，精准性评价和模糊性评价是相辅相成、互相补充的，体现了水利特色院校文化育人评价工作的特殊性、质量评价标准的相对性和质量评价结果精确性的内在统一。

加强新时代水利特色院校文化育人效果评价的方法和路径选择的针对性。水利特色院校文化育人评价的方法和路径研究方面，理论界有不少成果可以借鉴。有研究从学校二级院系学生工作考评、辅导员工作考评、学业导师（班主任）工作考评等方面提出了大学生思想政治教育工作评价的实践路径。❸ 有研究提出人文关怀同学校思想政治教育工作质量评价目的相契合、标准相依存、过程相适应、环境相交融，人文关怀以一种重要的价值理念和方法途径在学校思想政治教育工作质量评价的目的指引、标准依循、过程展开、环境营造等方面发挥重要作用。❹ 有研究从评价理念、评价模式、评价内容、评价手段四个维度提出了水利特色院校社会主义核心价值观教育评价的路径，认为在评价理念上要树立发展性评价理念，在评价模式上要以"质量""效果"为重点，在评价内容上要加强基础理论研究和实践应用研究，在手段上要实现评价手段的多样化。❺ 水利特色院校文化育人的质量评价有其特殊规定性和要求，必须从方法路径上把握好质量评价的中心向度、动态变化，以达到对水利特色院校文化育人质量的精准描述。一是在内部评价和外部评价的协同中把握水利特色院校文化育人质量评价的重心向度。水利特色院校文化育人工作评价的重心在哪里，应该把握什么样的基本向度，也就是说水利特色院校文化育人质量评价到底是谁的标准，评价由谁来决定？对于这个问题要通过学校内部各类评价和学校外部质量评价的协同来做出基本回答。1993 年，《中国教育改革和发展纲要》指出，要采取领导、专家和用人部门相结合的办法对高校人才培养情况进行评估和检查，要求重视了解用人单位对

❶ 习近平在贵州召开部分省区市党委主要负责同志座谈会上的讲话 ［N］. 人民日报，2015 – 06 – 19.
❷ 张应强. 高等教育质量建设：创新体制机制与培育质量文化 ［J］. 江苏高教，2017（1）：1 – 2.
❸ 李洪波，李宏刚. 大学生思想政治教育工作评价的困境与反思 ［J］. 学校党建与思想教育，2018（6）：9 – 10.
❹ 曾永平. 高校思想政治教育工作质量评价的人文关怀之维 ［J］. 思想教育研究，2018（5）：72 – 75.
❺ 陈芳莉. 高校社会主义核心价值观教育评价存在问题及推进路径 ［J］. 思想政治教育研究，2018（10）：41 – 42.

毕业生质量的评价。❶ 2012 年，《教育部关于全面提高高等教育质量的若干意见》要求建立"政府、学校专门机构和社会多元评价相结合的教学评估制度"❶2015 年修订的《中华人民共和国高等教育法》明确高等教育要建立教育质量评价制度，"教育行政部门负责组织专家或者委托第三方专业机构对高等学校的办学水平、效益和教育质量进行评估。"❷评价主体的多元构成是高等教育一贯的追求和探索，这是必要的，但在水利特色院校文化育人质量评价实践中，哪些因素应该被确定为质量评价的主体，各方主体应该以什么样的方式参与到质量评价活动中，以哪一方主体的意见为主导，以保障水利特色院校文化育人质量评价不偏离方向，这是今后需要深入研究的问题。二是在日常性总结和阶段性评价的融合中把握水利特色院校文化育人工作的动态变化。日常总结一般是学校各单位、部门和各院系对自身开展人才培养的基本定位、实施情况、基本效果、存在问题、经验收获等进行反思性的总结和判断，是对学校内部各单位文化育人日常工作整体情况的研判和总结。阶段性评价一般是学校和相关部门单位通过年度考核、述职答辩、书面评价等方式对本校各院系人才培养情况作出阶段性评价，这种评价既是对前面一段时间工作的总结，又是对后面一段时间工作的部署和安排。日常性总结和阶段性评价实际上是学校内部各部门自身总结与学校评价的有效结合，这是学校内部关于人才培养质量调控的普遍采用而又有效的方式。通过另种方式的有效融合，可以对水利特色院校文化育人动态情况进行真实、客观的把握。三是在定性评价和定量评价的统一中强化水利特色院校文化育人效果的精准描述。水利特色院校文化育人的效果评价要借助一系列的评价指标表现出来，根据这些指标的特殊性，需要通过定性评价和定量评价做出科学的判断和描述。定性评价以事物的规定性为客观依据，采取归纳和演绎、分析与综合、抽象与概括以及经验判断和观察的方法，侧重从宏观的角度对事物作出方向性、倾向性的价值判断。水利特色院校文化育人效果的定性评价就是通过对评价对象整体的把握和性质的判断，以把握水利特色院校文化育人的效果和价值。比较分析法和系统分析法就是两种常用的定性分析方法。比较分析法主要通过教育对象接受教育前后的行为进行比较来确定水利特色院校文化育人的实效效果。系统分析法主要依据系统论的基本原理和方法对水利特色院校文化育人状况进行分析和评价。定量评价主要是运用数学方法对水利特色院校文化育人表现出来的各种量的关系进行收集、整理和分析，从数量上相对精确地反映评价对象的局部或整体面貌，并作出结论性评价。模拟情景法和模糊综合法是两种比较常用的定量分析方法。模拟情景法主要运用数理统计工具，通过案例、小组讨论和口试等环节测试受教育者的思想文化素质。模糊综合法利用数学相关理论将定性问题转化为定量问题进行评价。在水利特色院校文化育人效果评价中，定性评价与定量评价各有侧重，缺一不可。定性评价注重对水利特色院校文化育人"质"的判断，是对水利特色院校文化育人工作本质属性的鉴别与确定；定量评价注重"量"的把握，是对水利特色院校文化育人工作综合特征和水平的描述与表达。只有定性评价和定量评价的有机统一，才能做到对水利特色院校文化育人效果的全面、科学、精准

---

❶ 中国教育改革和发展纲要［EB/OL］. 中华人民共和国教育部，1993－02－13.
❷ 全国人民代表大会常务委员会法制工作委员会. 中华人民共和国法律汇编·2018（下册）［M］. 北京：人民出版社，2019：169.

地描述和判断。

三、结果导向：强化水利特色院校文化育人效果评价的激励性

水利特色院校文化育人效果评价结果的运用是水利特色院校文化育人效果评价的重要组成部分，是对水利特色院校文化育人评价的活动的持续。水利特色院校应充分文化育人效果评价的导向、激励功能，进一步促进和保障文化育人质量提升。

发挥好水利特色院校文化育人效果评价的导向功能。人的认识从实践中来，一项工作在实践中接受了检验才能更好地推动。水利特色院校文化育人是一项激荡心灵、沐浴心智、温润灵魂的工作，不能拍脑袋凭空想象、根据感觉实施，更需要在实践中检验和调整优化。从水利特色院校文化育人的整体来看，水利特色院校文化育人效果评价结果是对水利特色院校文化育人的顶层设计、精力投入、资源整合、创新创优等方面工作的全面展示，要将效果评价情况作为下一步水利特色院校文化育人的制度设计、条件保障、基本投入、资源整合等育人过程调控的重要依据。用育人效果评价结果促进教育理念的转变，更加深化对文化育人教育要素的把握。以往我们探究和考察教育要素，更多是从可观测的教育场所、教育主体、教育内容、教育媒介等角度来揭示教育构成的。今天我们再观察教育要素，认为"教育更多时候是作为一种关照精神（心灵）成长的活动，而精神是无形的，但比有形的东西更不可缺少。"❶ 评价本身是教育的一种存在形态，通过文化育人效果评价，调整教师的育人行为，使教师和学生的日常交流、教学互动中，渗透价值引导，帮助学生形成自我认知和立身行事的是非标准。教育的方向很大程度上决定着教育方法的选择，要通过文化育人效果评价保证文化育人的正确政治方向，遵循科学的教育规律和育人方法，更加强化水利特色院校人才培养中文化作用的发挥，通过富有感染力和吸引力的文化浸润和思想感化，给学生春风化雨、润物无声的浸染。文化育人效果评价作为学校治理体系现代化的重要手段，促进学校人才培养由"管理"向"治理"的转型，要求在人才培养中更加体现育人手段的温和性、软柔性，更加强调管理的人文化导向，更加注重学生的成长体验和心理感受，使学生在学校的文化场域中快乐成长。

发挥好水利特色院校文化育人效果评价的激励功能。什么样的评价必然体现着什么样的文化，什么样的文化就会转化成什么样的组织力量，高校作为一种特殊的社会组织，育人效果评价本身就是高校组织文化的体现。当人的物质文化满足后，精神文化需求就会更加突出，随着人们物质条件的改善和高校总体待遇的提高，教师的自我价值的实现对激发其热心工作、真心育人的作用更大，以效果评价强化激励，可以更加激发教师对自我价值实现的自我认知和对自我效能感的主观体验，能够给人以更多的温暖体验，实现高校在充满温情和关怀的文化氛围中凝聚人心、激发热情。文化是教育的灵魂，只有在充满温情的文化环境中，才能生长出和煦、宽厚的心灵，只有在充满关爱的氛围中，才能培育出素质健康完美的人格，也只有在充满尊重、尊严和激励的氛围中，才能激发人潜心工作的内生动力。水利特色院校文化育人效果评价反映了高校文化的能力素质，要将评价结果与学校内部各单位部门的绩效考评挂钩，使水利特色院校文化育人情况与单位发展呈正相关。将效果评价结果与教师的成长发展、激励保障挂钩，成为教师发展价值引导和精神激励的重

---

❶ 肖川. 教育：让生命更美好 ［M］. 北京：北京师范大学出版社，2018：43.

要手段，激励教师更加爱岗敬业，在平凡的岗位上创造卓越。感情留人、事业留人、待遇留人，最有效最持久的还是感情留人，只有暖人心、聚民心、增信心的组织文化才能增加教师对学校的认同，才能更好激发职工的育人热情。因此，水利特色院校文化育人效果评价作为一种文化，可以转化为学校争荣光、为育人比奉献的信心信念，从而更加促进育人工作的开展和育人质量的提升。

坚持辩证思维用好水利特色院校文化育人效果评价结果。人的文化发展是一个复杂的长期过程，在一定时空内的阶段性的水利特色院校文化育人评价结果，对于一个不断发展变化中的人来说，不是绝对的好或坏，其价值在于对作为学习者的大学生学习过程中获得感的判断，以及对学生学习兴趣和主动性的把握。从水利特色院校文化育人的实际来看，实践是不断变化发展的，真理都是相对性和绝对性的统一，逻辑之真可能因为实践的发展、条件的变化以及事物之间联系的变化，真理不再是真理。价值之真也只能在实践中接受检验才能成为真理，而随着实践的发展，价值之真也可能就是相对之真。水利特色院校文化育人作为一种价值判断，其结果也要辩证地看待，不能在文化育人质量评价问题上搞绝对化，也不能搞一刀切。要坚持辩证思维，只有辩证地看待水利特色院校文化育人质量评价的结果，才能找准一定时空内水利特色院校文化育人的主要矛盾和根本问题，才能抓住文化育人牵一发而动全身的"牛鼻子"。要坚持文化育人质量评价的底线思维。"教育的过程就是一个不完美的人引领着另一个（或另一群）不完美的人追求完美的过程。"❶ 水利特色院校文化育人效果评价的价值更在于是以上级管理部门掌握情况的必要性为限度。

---

❶ 肖川. 教育：让生命更美好 [M]. 北京：北京师范大学出版社，2018：11.

参 考 文 献

［1］　马克思，恩格斯．马克思恩格斯全集（第3卷）［M］．北京：人民出版社，1995.

［2］　马克思，恩格斯．列宁斯大林论青年［M］．北京：中国青年出版社，1980.

［3］　习近平．习近平谈治国理政［M］．北京：外文出版社，2014.

［4］　习近平．高举中国特色社会主义伟大旗帜 为全面建设社会主义现代化国家而团结奋斗——在中国共产党第二十次全国代表大会上的报告［M］．北京：人民出版社，2022.

［5］　习近平．之江新语［M］．浙江：浙江人民出版社 2007.

［6］　李宗新．水文化初探［M］．河南：黄河水利出版社. 1995.

［7］　柳恩铭．思想政治教育的文化传承与创新研究［M］．广东：广东人民出版社，2009.

［8］　张耀灿．现代思想政治教育学［M］．北京：人民出版社，2006.

［9］　冯秀军．多元文化背景下的高校思想政治教育创新［M］．北京：中央民族大学出版社，2008.

［10］　郑永廷．思想政治教育学原理［M］．北京：高等教育出版社，2016.

［11］　王迎新．大众文化的意识形态功能研究［M］．南京：南开大学出版社，2014.

［12］　李宗新．简述水文化的界定［J］．北京水利，2002（3）：44－45.

［13］　李宗新．试论水文化之魂——水精神［J］．水利发展研究，2011，11（3）：79－84.

［14］　郑大俊，张添烨，庄道永．人水和谐：水文化教育的时代价值［J］．河海大学学报（哲学社会科学版），2011，13（1）：13－14，19，89.

［15］　郑晓云．水文化的理论与前景［J］．思想战线，2013，39（4）：1－8.

［16］　刘献君．论文化育人［J］．高等教育研究，2013，34（2）：1－8.

［17］　吴先文．上善若水——浅论中国文化中的"水"［J］．合肥学院学报（社会科学版），2014，31（4）：72－75.

［18］　李宗新．浅议中国水文化的主要特性［J］．华北水利水电学院学报（社科版），2005（1）：111－112.

［19］　左其亭．水文化研究几个关键问题的讨论［J］．中国水利，2014（9）：56－59.

［20］　靳怀堾．漫谈水文化内涵［J］．中国水利，2016（11）：60－64.

［21］　饶明奇．《中国水文化概论》课程建设的若干思考［J］．华北水利水电学院学报（社科版），2010，26（6）：1－3.

［22］　贾兵强．新常态下我国水文化研究综述［J］．南水北调与水利科技，2016，14（6）：201－208.

［23］　史鸿文．论中华水文化精髓的生成逻辑及其发展［J］．中州学刊，2017（5）：80－84.

［24］　饶明奇．中华优秀水文化资源融入高校思政课教学的探索与实践［J］．河南教育（高等教育），2021（9）：9－11.

［25］　于滨．论水利院校特色水文化教育体系的构建［J］．华北水利水电学院学报（社科版），2012，28（5）：34－35.

［26］　沈先陈．中华传统水文化的基本精神及教育意义［J］．浙江水利水电学院学报，2020，32（3）：5－8.

[27] 汝增瑞. 建设新型水文化的途径 [J]. 治淮, 1994 (11)：42 - 43.

[28] 郑卫丽. 大学文化育人工作的实践特征及本质 [J]. 人民论坛, 2014 (441)：196 - 198.

[29] 华玉武. 马克思主义与文化育人 [J]. 思想政治教育研究, 2012 (3)：90 - 94.

[30] 冯刚. 新时代文化育人的理论考察 [J]. 学校党建与思想教育, 2019 (5)：4 - 7.

[31] 杨咏. 大学文化育人的本体性及实现路径 [J]. 学校党建与思想教育, 2015 (24)：92 - 93.

[32] 蔡劲松. 大学文化育人的主体视角与实现路径 [J]. 中国高等教育, 2008 (21)：52 - 54.

[33] 陈邦尚, 李鸿, 汪强. 水文化育人的路径与成效——以重庆水利电力职业技术学院为例 [J]. 水利发展研究, 2021, 21 (8)：125 - 128.

[34] 姚芬. 水文化引领中国特色高水平水利专业群建设探析 [J]. 水利发展研究, 2021, 21 (6)：110 - 115.

[35] 杨铖. 刍议水利院校构建系统水文化教育体系 [J]. 黑龙江科技信息, 2010 (19)：168.

[36] 金绍兵, 张焱. 水利院校要重视水文化教育与研究 [J]. 中国水利, 2008 (5)：63 - 64.

[37] 程得中. 浅谈水文化与高职院校人文通识教育 [J]. 中国职工教育, 2014 (6)：113 - 114

[38] 郑大俊, 刘兴平, 孔祥冬. 水文化：现代水利高等教育的重要内容 [J]. 河海大学学报（哲学社会科学版）, 2010, 12 (1)：30 - 32, 90.

[39] 吴明洋. 高职水工类专业水文化教育的探索与实践 [J]. 读与写（教育教学刊）, 2012 (12)：16.

[40] 方翔咏. 以水文化建设构建特色校园文化 [J]. 湖北成人教育学院学报, 2013, 19 (5)：41 - 43.

[41] 张盛文. 水文化融入水利院校思想政治理论课的思考 [J]. 荆楚理工学院学报, 2014, (1)：70 - 73.

[42] 何文学. 水文化育人视域下的课程思政实践与探索 [J]. 华北水利水电大学学报（社会科学版）, 2021, 37 (1)：56 - 59.

[43] 靳怀堉. 漫谈水文化内涵 [J]. 中国水利, 2016 (11)：60 - 64.

[44] 温雪秋. 将水文化教育融入水利高职院校校园文化建设的思考 [J]. 广东水利电力职业技术学院学报, 2016, 14 (3)：62 - 65.

[45] 韦杨建. 校园文化生态育人研究 [D]. 郑州：郑州大学, 2014.

[46] 吴怡璇. 我国当代水文化教育研究 [D]. 郑州：华北水利水电大学, 2016.

[47] 郝桂荣. 高校文化育人研究 [D]. 沈阳：辽宁大学, 2017.

[48] 满炫. 公安院校中警察文化育人研究 [D]. 南京：南京师范大学, 2017.

[49] 滕菲. 大学校史文化育人功能及其实现路径研究 [D]. 桂林：广西师范大学, 2018.

[50] 江小强. 习近平的文化育人思想研究 [D]. 深圳：深圳大学, 2018.

[51] 梁广兰. 广西本科高校校训文化育人实效研究 [D]. 桂林：广西师范大学, 2021.

[52] 韩娇娇. 新时代大学校园文化育人现状与对策研究 [D]. 武汉：华中师范大学, 2019.

[53] 欧阳慧敏. 基于"课程思政"的大学生生态文明教育研究 [D]. 徐州：中国矿业大学, 2019.

[54] 郑伟旭. 高校文化育人现状及对策研究 [D]. 武汉：河北农业大学, 2019.

[55] 习近平总书记在中国共产党成立 100 周年大会上的讲话 [N]. 人民日报, 2021 - 07 - 03.

[56] 习近平. 在知识分子、劳动模范、青年代表座谈会上的讲话 [N]. 人民日报, 2016 - 04 - 30 (002).

[57] 习近平就高校党建工作作出重要指示强调：坚持立德树人思想引领加强高进高校党建 [N]. 工

作人民日报，2014－12－30.

[58] 习近平. 习近平在全国高校思想政治工作会议上强调：把思想政治工作贯穿教育教学全过程开创我国高等教育事业发展新局面 [N]. 人民日报，2016－12－09 (1).

[59] 水利部. 水利部印发新时代水利精神：忠诚、干净、担当，科学、求实、创新 [C]. 中国水文化，2019：8.

[60] 白世超. 用传统水文化滋养共产党人的价值观 [N]. 中国水利报. 2017－07 (6).

[61] 余达淮，刘沛妤. 面向"中国问题"的水文化研究与教育 [N]. 中国社会科学报，2017－03－07 (5).

[62] 冯刚. 坚守核心价值观必须发挥文化的作用 [N]. 光明日报，2015－11－10 (14).